LA CUISINE

DE SANTÉ.

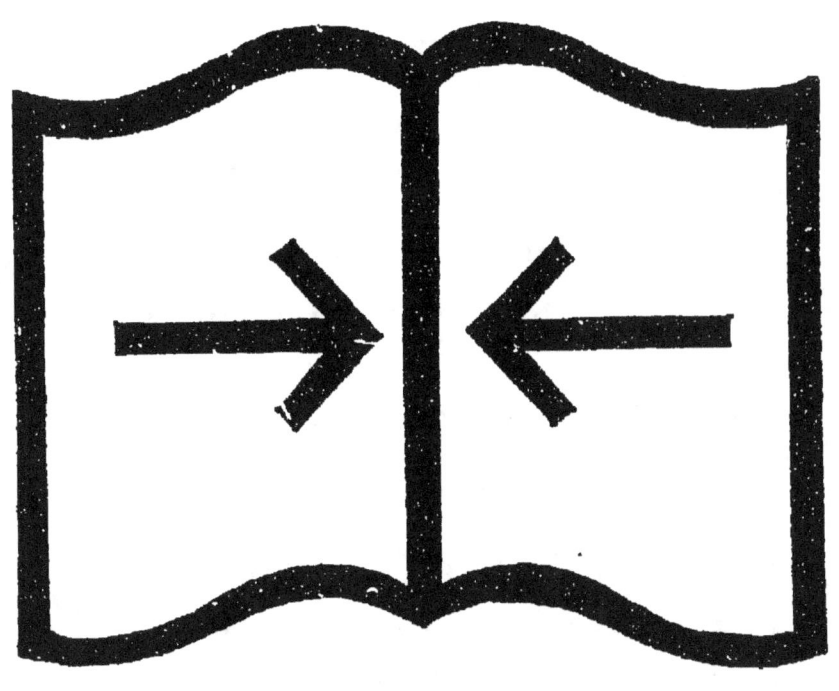

RELIURE SERRÉE
ABSENCE DE MARGES INTÉRIEURES

VALABLE POUR TOUT OU PARTIE DU
DOCUMENT REPRODUIT

LA CUISINE DE SANTÉ,

Ou moyens faciles & économiques de préparer toutes nos Productions Alimentaires de la maniere la plus délicate & la plus salutaire, d'après les nouvelles découvertes de la Cuisine Françoise & Italienne.

PAR M. JOURDAN LE COINTE, Docteur en Médecine ; revue par un Praticien de Montpellier.

OUVRAGE destiné à l'instruction des Gens de l'Art, à l'amusement des Amateurs, & particuliérement à la conservation de la Santé.

TOME TROISIEME.

A PARIS.

CHEZ BRIAND, Libraire, rue Pavée Saint-André des-Arts, n°. 22.

1790.

LA CUISINE

DE SANTÉ.

LIVRE IX.

Des Pieces de Rôt.

CHAPITRE PREMIER.

Maniere de bien rôtir les Viandes & la Volaille.

L'ART de bien rôtir les viandes &
de leur conserver ces sucs restaurans
& délicieux qui en font l'agrément.

& la falnbrité, exigent bien des foins pour y réuffir ; quoiqu'ils ne foient pas difficiles, ils font importans aux fuccès, & tout cuifinier intelligent ne néglige jamais de les obferver.

Il y a effentiellement quatre obfervations à faire pour bien rôtir toutes les viandes.

1°. Le *choix des pieces*, c'eft-à-dire que les viandes de boucherie foient prifes dans des beftiaux fains & gras ; nourris dans de bons pâturages, & exempts de ces maladies épizootiques qui infectent fouvent des provinces entieres, & expofent ceux qui en mangent, à altérer leur fanté & à corrompre leur fang pour la vie.

Que les volailles foient également faines & graffes, nourries dans des campagnes à grains ou chez des fermiers de campagne, qui les engraiffent avec des pâtes farineufes, d'avoine, d'orge ou de bled de turquie.

Que les pieces de gibier soient d'un bon canton garni de plantes aromatiques, tels que le thim, la lavande, le serpolet, le romarin, & qu'enfin les bêtes fauves, telles que le sanglier, le chevreuil, le daim, le marcassin, &c. soient également nourries & tuées dans les forêts les plus estimées.

2°. Le *tems de les mortifier*, ce qui dépend beaucoup de la qualité, de l'espéce des animaux tués, & de la saison même où l'on se trouve; la grosse bête fauve dont les fibres sont durs & coriaces, exigent plus de tems que des volailles ou du menu gibier; les bêtes jeunes & tendres veulent moins de mortification que celles qui sont noires ou compactes; enfin il est évident que quinze jours d'hiver

A iv

mortifient moins une viande que quatre jours d'été.

Pour manger des viandes tendres & succulentes, il faut nécessairement qu'elles soient mortifiées à leur point; l'étuve adaptée à mon fourneau de santé, est sans contredit le moyen le plus sûr de les mortifier prompte-ment au point qu'on desire, sans courir jamais le danger de les voir se corrompre ou de les manger pu-tréfiées, & cette seule raison & celle de manger les viandes toujours ten-dres & savoureuses devroit en faire rechercher l'usage pour tous les gens délicats, jaloux de manger de bonnes choses, & de conserver toujours leur santé.

Cependant comme on ne trouve pas dans toutes les villes de province des ouvriers capables de les construire par-faitement, voici les moyens d'avoir des viandes mortifiées à point :

Il faut d'abord les fufpendre à un crochet large & difpofé de maniere que les pieces de gibier ou de boucherie ne fe touchent pas entr'elles. Ce crochet doit être enfermé & fufpendu dans une grande cage ou gardemanger qui foit bien ouvert des quatre côtés, & dont tous les paneaux foient exactement fermés d'un cannevas à claire-voye ; le garde-manger doit être expofé dans un endroit frais & bien aéré, dont la fituation puiffe offrir un courant d'air qui circule fans ceffe.

Afin d'éloigner les mouches & tous les infectes volatilles du garde-manger, il faut en frotter les bois & le cannevas avec de l'eau, dans laquelle on aura fait macérer & à demi pourrir des feuilles de Noyer ; l'odeur & l'amertume qu'elle communiquera à la cage, en écartera tous les infectes

A v

qui tenteroient d'en approcher pour
déposer leurs œufs sur les viandes.

Enfin il faut tous les matins re-
garder les pièces du garde-manger
pour s'assurer de celles qui pressent,
& y laisser celles qui ne sont pas avan-
cées ; un moyen sûr de connoître le
point de mortification le plus favorable pour les manger délicates, c'est
lorsque mettant le doigt sur les chairs,
elles fléchissent moëlleusement & conservent l'empreinte du doigt qui les
a pressées ; au contraire, lorsqu'elles ne
sont pas assez mortifiées, la viande
ferme sous le doigt, est dure, élasti-
que, & se rétablit d'abord dans son
premier état, comme un ressort tout
neuf, qui n'a rien perdu de sa force.

Du moment qu'elles commencent
à se ramollir & à conserver une
empreinte, il faut les sortir & les
préparer sans perdre de tems ; car le
le lendemain elles seroient passées ,

& prendroient des signes d'altération qui annoncent une putréfaction prochaine.

3°. La *Préparation* des viandes exige des soins & très-peu de pratique. Les grosses bêtes & le gibier à poil veulent être dépouillés de leur peau : on observera en les écorchant, de ne pas déchirer les chairs, car chaque entaille qu'on y fait, sont autant de petits égouts par où les sucs se perdent en cuisant : il faut l'observer également en plumant les bêtes à plume & la volaille, si on est jaloux de leur conserver tout leur jus. Le gibier & la volaille doivent ordinairement se vuider (excepté la bécasse). Pour y parvenir, on commence par leur faire une incision sous le cou pour leur ôter la poche & couper le boyau qui y est attaché ; en faisant ensuite une petite incision sous le ventre, on en tire tout ce qui eſt dans dans le corps, c'eſt-à-dire les boyaux, le cœur, le foie, &c.

On aura attention, en ſortant les entrailles, de ne pas crever la petite veſſicule du fiel, qui eſt adhérente au foie, ce qui communiqueroit beaucoup d'amertume à votre volaille.

Vos volailles vuidées, il faut les faire revenir ſur un peu de braiſe, en les retournant peu à peu pour qu'elles ne s'y ſurprennent pas ; eſſuyez-les avec un linge blanc, épluchez tous les duvets que le feu n'aura pas conſumés, attachez-en les cuiſſes ſous le ventre avec un bout de petite ficelle, puis recouvrez-les d'une barde de lard, ou bien piquez-les ſoigneuſement, en obſervant de ſuivre le contour des chairs dans un ordre régulier & agréable à l'œil.

Il faut paſſer une petite brochette au travers du gras des cuiſſes & du

croupion de vos volailles, afin d'en
fixer les membres de maniere que le
feu ne les fasse pas écarter ni déran-
ger de leur place ; alors elles sont en
état d'être mises à la broche.

Le gibier à poil, se prépare à peu
près de même : on lui coupe les oreil-
les & on le vuide, puis on le fait
revenir pour le piquer & le mettre
à la broche.

La bête fauve exige quelquefois
d'être marinée dix ou douze heures
avant d'être mise en broche ; & pour
l'ordinaire, on l'entrelarde d'outre en
outre avec de gros lardons pour la
rendre plus grasse : mais l'expérience
a prouvé que les viandes piquées perdent beaucoup plus de leurs sucs que
celles qui sont tout simplement bar-
dées.

Les pieces de boucherie n'exigent
aucune autre préparation que celle

d'être mortifiées à point, & mises de
suite à la broche.

4°. Enfin, la *Cuisson* des viandes
est très-importante pour manger de
bonnes pieces de rôt. Les pieces mises
à la broche doivent y être solidement
fixées, c'est-à-dire que la viande ne
balotte pas d'un côté ni de l'autre, &
qu'elle soit embrochée bien au milieu, afin que ne pesant pas plus en
dessus qu'en dessous, la broche puisse
tourner avec une égale facilité sans se
retarder jamais lorsqu'il s'agit de re-
monter le côté le plus pesant.

On place dessous une léchefrite
destinée à recevoir le jus qui coule
des pieces, & à le conserver
chaud pour les arroser de tems en
tems.

Le bois qu'on emploie à rôtir doit
être sec & de moyenne grosseur, à
peu près comme le haut du bras ;

il faut qu'il flambe & donne un feu
clair, qui pénetre les viandes par degrés sans les calciner ou rôtir promptement leur surface avant que l'intérieur soit cuit : par la même raison,
il faut tenir la broche à une certaine
distance du feu, & arroser souvent
vos pieces avec le jus qui en découlera.

On ne peut pas fixer le tems nécessaire à cuire les viandes ; cela dépend
de leur grosseur, de leur qualité & de
la force des feux : une demi-heure
suffit à de jeunes poulets, tandis
qu'il faut une heure à un dinde ; mais
en général, il suffira d'observer que
lorsqu'une piece à rôtir commence à
former de petites écailles ou vessies
sur sa surface, & laisse éclater souvent de petites fusées de jus ou de
petites bouffées de fumée, c'est une
preuve sûre qu'elle est bientôt cuite,
& il faut dès-lors la reculer du feu,
& ne lui en laisser que ce qui sera né-

ceſſaire pour la maintenir chaude juſqu'à l'inſtant où il faudra la ſervir.

En ſe conformant aux principes que nous venons d'annoncer, on ſera toujours ſûr de manger d'excellentes pieces de rôt, ſaines, tendres & délicieuſes.

Obſervations.

Les détails de ce chapitre doivent généralement s'obſerver pour la bête fauve, le gros & menu gibier, tels que lievres, lapins, faiſans, perdreaux, & pour toutes ſortes de volailles.

On obſervera, relativement à Paris, que les meilleures volailles viennent de la Normandie & du Pays de Caux; que les chapons les plus eſtimés, ſont ceux de Breſſe & d'Argentan, & que le gibier du meilleur fumet, eſt celui qui ſe nourrit dans les provinces méridionales de France.

Il eſt bon de ne tuer jamais la volaille ni les beſtiaux que dix ou douze
heures après qu'ils ont été ſans manger ; les viandes en ſont mieux nourries & leurs ſucs bien plus délicats que
lorſqu'ils ſont encore englués d'un
chyle imparfait, qui n'a pas eu le
tems de s'élaborer & ſe mélanger parfaitement avec le ſang & les autres
humeurs vitales.

En fait de volaille & de gibier à
plume, les femelles ſont toujours
plus tendres que les mâles.

Dès qu'on a dépouillé un lievre ou
plumé une perdrix ou une volaille ;
il faut auſſi-tôt en ſortir les boyaux ;
ſans quoi on court le danger qu'elles
ne prennent un mauvais goût : il faut
les expoſer dans un lieu toujours frais,
juſqu'au moment où on veut les
manger.

Lorſqu'on empaille du gibier ou de
la volaille pour en faire des envois à

la campagne ou aux environs , il faut
les vuider soigneusement , les bien
essuyer dans l'intérieur avec un linge
blanc , & les laisser entiérement refroidir avant de les enfermer , puis
on empaille les grosses pieces , & on
les enferme dans des paniers d'osier
enveloppés dans de la paille fine : on
peut , en hiver , les envoyer ainsi d'un
bout du royaume à l'autre , sans danger de les perdre.

Enfin, la bonne volaille , soit poulets , chapons , dindes , &c. doit
avoir la chair d'un beau blanc ; le
corps peu long , la crête petite ; les
pattes d'un gris cendré , les onglets
courts & blancs , les ergots petits , &
n'ayant pas encore pondu ; ce qui se
connoît lorsque leur derriere est bien
ouvert & bordé d'un cercle vermeil.
La volaille en est moins succulente.

CHAPITRE II.

Pieces de Rôt du Sanglier & Bêtes fauves, &c.

Roſt-Bif de Sanglier.

LE ſanglier, lorſqu'il eſt jeune, & d'un bon canton, offre pluſieurs pie- ces de rôt qui ont du mérite, & ſe ſervent ſur les meilleures tables.

La tête, qu'on appelle la hure du ſanglier, ſe prépare bouillie dans l'eau, avec vin blanc ou rouge & plantes aromatiques : elle ſe mange froide, & ſe ſert pour gros entre- mêt très-eſtimé.

Les entre-côtes peuvent ſe garder ſalées pour des proviſions de ménage;

& comme le fuc en eft plus groffier,
on l'emploie à de groffes pieces de
cuifine, pour les Domeftiques ou les
Journaliers d'une maifon.

On le fale exactement comme le
cochon ou le bœuf falé. (*Voyez le Cha-*
pitre des Provifions & Garnitures).

Enfin, les quatre membres, &
fur - tout les jambons de derriere,
font recherchés comme pieces de rôt.
Comme la chair en eft dure & compacte, pour la manger tendre, il
faut d'abord qu'elle foit paffablement
mortifiée, jufqu'à ce que la chair
fléchiffe moëlleufement fous le doigt ;
alors on les pique de gros lardons &
on les fait mariner dans du vinaigre,
avec fel, poivre, mufcade & plufieurs
oighons coupés par tranches : on les y
laiffe vingt-quatre heures.

On les fort de leur marinade, on
les effuie & on les barde de larges
tranches de lard, puis on les recouvre

d'un papier beurré ; mettez votre jambon de fanglier à la broche , & le faites cuire long-tems à petit feu ; pour que le dedans en foit cuit , puis vous le fervirez avec le jus qu'il aura répandu.

Le fanglier le plus eftimé , eft celui qu'on chaffe dans les forêts ouvertes & d'une grande étendue : il n'eft délicat qu'autant qu'il a la liberté de courir à fon aife & de vivre de fruits fauvages ; quoique fa chair foit généralement compacte , elle fournit des fucs très-nourriffans , & toutes les perfonnes qui font de l'exercice, peuvent en manger fans inconvénient.

Le quartier du devant fe prépare de la même maniere ; il fuffit de le faire mariner dix ou douze heures pour l'attendrir ; lorfqu'il eft mortifié à point, la fauge , l'eftragon & les autres plantes fortes lui donnent

un goût relevé des plus agréables ;
qui réunit l'avantage d'en rendre la
digestion plus facile.

Cependant, malgré toute l'estime
& la réputation qu'on accorde à la
chair de sanglier, je suis très-assuré
que les personnes foibles, d'une com-
plexion délicate, ou qui font féden-
taires, doivent s'en abstenir à cause
des sucs visqueux qu'elle possede ; &
l'expérience a souvent prouvé qu'elles
ne peuvent en faire usage sans en
être plus ou moins incommodées.

CHAPITRE III.

Rôt de Marcaffin, Daim, Chevreuil, &c.

LA chair du *Marcaffin* jeune, eft
infiniment fupérieure en délicateffe
& en falubrité à celle du fanglier :
elle fe mange rôtie , & demande
moins de mortification ; il faut la
mariner au vinaigre deux ou trois
heures , la larder & la faire cuire à
la broche en l'arrofant du jus qu'elle
rend ; lorfque la piece eft rôtie , il
faut , en la fortant de la broche , la
poudrer d'un peu de fel mêlé de fines
épices ; cela lui donne un goût charmant.

Le *Daim* fe prépare de la même
maniere ; il a les chairs plus tendres
& d'une digeftion plus facile : les

quartiers du derriere font les plus eftimés. Le jeune daim qui habite les forêts montagneufes couvertes de plantes aromatiques, eft généralement le plus tendre quand il a bien couru.

Le *Chevreuil* demande à être bien dépouillé, lorfqu'on veut le fervir entier dans un repas d'apparat : il faut pour cela qu'il foit de moyenne groffeur ; autrement on le fert par quartiers.

Pour le fervir en entier, après l'avoir laiffé mortifier au point convenable, on l'écorche proprement, en obfervant de ne point lui faire d'entailles fur les chairs ; on le fait refaire légérement fur la braife, on le reffuie, puis on lui trouffe les pieds de devant en dedans, en laiffant les jambes de derriere dans toute leur longueur ; on le pique enfuite avec de gros lardons, & on le laiffe
mariner

mariner dans du vinaigre, avec fel
& poivre pendant toute la nuit ; on
le recouvre le lendemain avec des
bardes de lard fixées avec de la petite ficelle, & on le fait rôtir à
petit feu clair, en l'arrofant fouvent, foit avec de la graiffe fondue, foit avec le jus même qu'il
aura rendu.

Enfin, faupoudrez-le de fel fin en
le fortant de la broche, & le fervez
bien chaud.

Ce font trois efpeces d'animaux
qui ont généralement du fumet, de
l'agrément, & beaucoup plus dé réputation & d'apparence que de falubrité : le chevreuil & le daim font
bien moins indigeftes que le fanglier
& le marcaffin, fur-tout lorfqu'ils
font d'un canton fertile, & qu'ils
ont été forcés après avoir été chaffés
long-tems.

En général toutes les bêtes fauves

qui ont la chair noire, se préparent de la même maniere, & quant aux pieces dont on ne veut pas faire encore usage, on peut toujours les faire saler & les conserver en eau-sel pendant six mois, sans autre altération que celle d'avoir perdu leur premiere fraîcheur.

Les pieces salées se servent avec succès bouillies comme du petit salé, avec un bon plat de choux verds.

CHAPITRE IV.

Lievres, Levrauts & Lapins rôtis, &c.

LES *Lievres*, lorsqu'ils ne sont pas trop vieux, donnent des plats de rôt qui sont assez estimés : pour les manger tendres, il faut, après les avoir dépouillés, les refaire sur de

la braife , les effuyer & les piquer
de menu lard.

On leur caffe les os des cuiffes , &
on les dépouille de deux ou trois
peaux qui s'y forment ordinairement
les unes fur les autres : il faut toutes
les enlever jufqu'au vif de la chair ,
car autrement les cuiffes feroient
toujours dures & coriaces.

Il faut enfuite les faire mariner
deux ou trois heures dans du vinaigre
coupé d'un verre d'eau , avec fel ,
poivre , oignons & échalottes ; faites-
les cuire à la broche , ayant foin de
les bien arrofer avec la même marinade où ils auront trempé, & les fervez
avec une fauce au lievre , compofée
de fon foie , pilé & détrempé dans
du confommé ou dans une fauce piquante. (*Voyez le Chapitre des Sauces*).

Le *Levraut* fe prépare de même ; il
ne demande pas à être mariné ; il eft

plus apparent, piqué de petit lard ;
mais il eſt plus ſucculent lorſqu'il
n'eſt que bardé de pluſieurs tranches
de lard, parce qu'il perd moins ſon
jus en cuiſant, & que les bardes em-
pêchent le feu de le deſſécher : il doit
être cuit à petit feu, & bien arroſé
du jus qu'il laiſſera découler. C'eſt un
excellent manger, délicat & ſain,
pourvu qu'il ne ſoit pas trop cuit,
& qu'il n'ait pas un excès de fumet.

Le *Lapin* ſauvage doit être dépouillé ſans entamer les chairs, re-
fait ſur la braiſe, piqué ou bardé de
lard, & mis tout ſimplement à la
broche, en l'arroſant du jus qu'il aura
rendu : lorſqu'il paroît vieux, il eſt
bon de le faire mariner une heure en
eau-ſel, avec moitié vinaigre; mais
il ne faut pas l'y laiſſer long-tems,
de peur de lui faire perdre ſon fumet : il ne doit pas être trop mortifié,
car il prend facilement le relan.

Le *Lapereau* eft infiniment plus tendre & plus délicat que le lapin ; il
vaut mieux le barder de fines tranches de lard, que de le piquer ; il
en fera plus fucculent & plus favoureux, & confervera mieux ce fumet
parfumé que le canton lui donne ; il
lui faut un feu doux pour être rôti, &
l'arrofer fouvent avec la graiffe ou le
jus qui en découlera.

Il eft excellent aux convalefcens &
aux eftomacs foibles & délicats ; il
leur donne un fuc élaboré & un chyle
des plus reftaurans ; la digeftion en
eft facile & douce, & convient généralement à tous les tempéramens.

On connoît le levraut & le lapereau
à un nœud qui fe trouve fur la join-
ture des pattes de devant ; lorfqu'ils
font jeunes, ce nœud fe trouve plus
haut, lorfqu'ils font vieux le nœud
eft bas : mais en général, les lapins &

lapereaux ont une chair plus tendre &
plus faine que les lievres & les levrauts.

CHAPITRE V.

Des Lapins domeftiques.

---

*Moyen de les élever & leur donner le
fumet délicat des Lapins fauvages.*

C'EST en Italie & en Provence que
fe mange le meilleur gibier de l'Europe ; plufieurs Seigneurs des campagnes y ont remarqué que les lievres
& les lapins n'y doivent leur fumet
délicieux, que parce qu'ils y vivent
au grand air, & fe nourriffent de
plantes aromatiques & fauvages.

Cette jufte obfervation en a en-

gagé plusieurs à sacrifier un petit coin
de terre inculte pour y former des
garennes ouvertes ; & voici comment
on les construit pour que le gibier
qu'on y élève ne s'enfuie pas.

Il faut choisir un coin de terre sec ;
bien aéré , dans une situation élevée ,
où les eaux soient basses & le terrein
point humide; on y fait creuser un fossé
de vingt pieds de largeur sur la plus
grande longueur possible , mais au
moins de cinquante pieds ; ce fossé
doit avoir environ douze pieds de
profondeur , afin que le lapin en faisant ses excavations sous terre , ne
risque pas de retrouver le niveau des
champs ; & pour le mettre à l'abri
de la fouine , de la belette & des vo-
leurs de gibier , il faut border cette
garenne d'une haie vive sur ses quatre bords , pour éviter les accidens
du bétail & des gens de campagne
qui pourroient y tomber : on laisse ce

trou ouvert pendant deux mois, avant
d'y rien placer, afin qu'il exhale les
odeurs minérales ou bitumineufes
qu'il peut renfermer.

On peut alors y placer fans danger
huit ou dix lapins femelles avec un
gros mâle bien vigoureux : pour peu
que ce mâle foit bon, il fuffira à
entretenir conftamment pleines toutes
vos femelles ; & il eft toujours néceffaire de lui en donner neuf ou dix,
afin qu'il laiffe en repos les femelles
pleines.

· Pour l'empêcher de faire avorter
celles qui feront pleines, il faudra
remarquer les trous que préferent
les femelles pleines, & pour empêcher le mâle d'y entrer davantage ,
on fera percer des pierres blanches
de moëllon, d'un trou de quatre pouces de diametre : on les placera à
l'entrée des loges des femelles ,
de forte qu'elles puiffent y paffer li-

brement; enfin, on attachera au col
du mâle un collier de cuir à chaque
côté duquel sortira un morceau de
bois de deux pouces de longueur,
placé de maniere que lorfqu'il voudra entrer dans les loges des femelles
pleines, le bâton l'en empêche; par
cete précaution néceffaire, on mettra
toutes les pontes des petits à l'abri de
la fureur des mâles, qui quelquefois
tuent tous les petits d'une couvée,
lorfque la femelle refufe de les recevoir.

Mais il ne faut point placer de
pierre percée devant les trous de lapins où vont fe fourrer les femelles
qui ne font pas pleines.

Pour leur faciliter les moyens de
conftruire leurs nids, il faut leur jet-
ter de la paille fine, du même foin
& de la mouffe des champs dans un
des coins de leur garenne, & on ne
fermera d'une pierre creufée les trous

à nids, que lorfqu'on verra une femelle pleine y charier conftamment
ce qui lui eft néceffaire pour faire fa
ponte : on ne tardera pas, après quelques femaines, à voir éclore de tous
côtés de nouvelles nichées de fix,
fept, huit ou dix petits lapereaux qui
croîtront promptement, fans aucun
embarras, & fans autre foin que celui de bien nourrir leurs meres afin
d'entretenir leur lait.

Voici comment on doit nourrir les
meres & le mâle : il faut charger un
garde-terre, en faifant fa ronde dans
les bois & les montagnes, de ramaf-
fer tous les matins un fac de plantes
aromatiques, telles que le thim, la
fauge, la lavande, le genet, le romarin & le ferpolet : telle eft la
nourriture qui plaît le plus au lapin
fauvage, & qui lui donne un fumet
fi délicat & fi parfumé. Tant qu'on
pourra fe procurer des plantes fauva;

ges, on évitera de leur rien donner
des légumes d'un jardin, fur-tout
des choux, qui leur donnent un goût
infipide & dégoûtant.

Lorfque les plantes aromatiques commenceront à manquer, on leur fera
arracher des plantes qui croiffent aux
champs, le chardon, le petit jonc,
le fourrage & la petite herbe qui
croît fur le bord des terres ; enfin,
pendant les rigueurs de l'hiver & de
l'arriere-faifon, on leur jettera tous
les matins un peu de foin dans lequel
on hachera une poignée de ferpolet
ou de lavande, pour leur conferver
en partie le fumet précieux que leur
communiquent toujours les aromates.

Lorfque les petits lapereaux commencent à être un peu forts, on peut
les engraiffer facilement, en leur donnant pendant quelques jours de la farine d'orge pêtrie avec très peu d'eau,
en y mélangeant du thim & du fer-

polet ou de la fauge nouvelle : on
forme du tout des petites boules groffes comme des noix ; les lapereaux aiment beaucoup ces fortes de pâtes,
& s'en nourriffent même plus volontiers que des plantes fauvages ; mais
il faut toujours avoir foin d'en mélanger dans les farines pour qu'ils ne
perdent pas leur fumet.

Une garenne ainfi établie, & con-
duite avec foin, doit au bout de fix
mois avoir plus de cent lapereaux, &
en fournir environ cinquante par
mois, bons à manger fur la table du
maître, fur-tout en ayant attention
de réformer les femelles qui avortent
ou tuent leurs petits, & de les remplacer auffi-tôt par des meres plus
fages & plus fertiles.

J'ai connu des particuliers en Provence qui, dans un petit carré de jardin, grand comme deux chambres,
mis en garenne fauvage, fe fai-

foient à peu de frais, un revenu très-
honnête du produit des lapereaux-,
fans autre peine ni dépenfe que celle
de leur fournir tous les jours un fac
plein de ferpolet ou de romarin qu'ils
alloient cueillir fur la montagne : je
puis même certifier par expérience,
que les lapins élevés à l'air, & nourris de la forte, font auffi délicats &
auffi parfumés que les vrais lapereaux
fauvages, & que les gourmets les
plus fins, non-feulement s'y trom-
poient, mais refufoient de croire
qu'ils euffent été nourris dans une
garenne clofe.

Cette maniere offre d'ailleurs une
reffource d'autant plus commode à la
campagne, que le lapereau fe met en
ragoût, en pâtés chauds & froids, en
tourtes, en rôti & en entre-mets,
& que les vieux mis au pot, fournif-
fent un excellent potage, falutaire à
la fanté.

CHAPITRE VI.

Pieces de Rôt du Bœuf, Veau & Mouton.

Aloyau.

L'ALOYAU eft une des pieces les plus eftimées du bœuf, & la plus honnête à mettre à la broche : il faut le choifir bien charnu, entrelardé, & d'une chair ferme & vermeille; le laiffer mortifier plus ou moins, & le faire cuire fimplement à la broche, en l'arrofant fouvent de la graiffe & du jus qui en découleront : on aura attention que le feu ne foit pas trop vif.

Le degré de cuiffon qu'on lui

donne ; dépend beaucoup du goût des amateurs ; beaucoup de gourmets , & particuliérement les Anglois , l'aiment un peu faignant dans l'intérieur ; d'autres lé préferent entiérement cuit : la premiere maniere convient aux eftomacs robuftes , la feconde eft plus analogue aux tempéramens délicats.

Culotte de Bœuf roulée.

Prenez la piece entiere de la cuiffe du bœuf , qu'on nomme la culotte ; laiffez-la mortifier ; lardez-la de gros lardons affaifonnés modérément de fel , poivre , mufcade & fines herbes ; roulez-la en maniere de falpicon , en la fixant aux deux bouts avec un peu de ficelle neuve , & la mettez en broche ; arrofez-la très-fouvent , & en la fortant du feu , faupoudrez-la d'une pincée de fel gris goffiérement pilé.

C'eſt un rôti tendre, délicieux & ſain.

Aloyau en Ballon.

Prenez un bel aloyau, déſoſſez-le entiérement & en ôtez les filets.

Compoſez un bon ſalpicon avec des reſtes de volaille, gibier, ris de veau, petit lard, un peu de jambon, ſel, poivre & fines herbes, le tout lié de jaunes d'œufs.

Faites une ouverture à votre aloyau en forme de poche, & la rempliſſez avec ce ſalpicon, en lui donnant, autant qu'il ſera poſſible, la forme d'un ballon ; c'eſt-à-dire d'une poire, groſſe dans le bas & allongée dans le haut ; couſez-en l'ouverture & le faites cuire à la broche à très-petit feu.

Le ſalpicon ſera plus délicat & mieux préparé, ſi avant d'en farcir l'aloyau, on a eu ſoin de le faire revenir une demi-heure en casserole dans un peu de graisse blanche ; faute de cette précaution, il arrive souvent que la farce n'est pas assez cuite , surtout lorsque l'aloyau est trop gros.

Aloyau en Venaison.

Prenez un aloyau mortifié , piquez-le de moyens lardons , & le laissez mariner avec moitié vinaigre , moitié bouillon , sel , coriandre pilée & oignons coupés par fines tranches ; laissez-le prendre goût & se mariner cinq ou six heures ; enveloppez-le de fines bardes de lard , & le faites cuire à la broche : il sera délicieux , tendre , & aura pris le goût de grosses pieces de venaison.

Filet à l'Italienne.

Choisissez un beau filet de bœuf, & le piquez de petit lard , d'un côté

feulement ; fur l'autre côté, vous ferez une douzaine d'entailles parallel-
les, dans chacune defquelles vous ferez entrer toutes fortes de fines herbes; arrofez-le d'huile d'olive, & le
laiffez paffer la nuit en cet état.

Le lendemain, faites-le cuire à la
broche devant un petit feu ; arrofez-
le fouvent avec huile & beurre fondus enfemble, & avant de le fortir
de la broche, panez-le avec de la mie
de pain émiettée très-fine, & affai-
fonnée de fel, poivre, perfil, &c.
laiffez prendre couleur à la panure ;
& le fervez dans un plat chaud, au
fond duquel vous aurez verfé le jus
qu'il aura rendu.

Les Italiens y ajoutent fouvent de
l'anis, du gingembre, des anchois,
capres & capucines : mais j'en ai fup-
primé tout ce qui ne tend qu'à le rendre âcre & mordant, & n'en ai con-
fervé que ce qui lui eft néceffaire

pour le manger tendre , délicat &
fain.

Observations.

La tranche de bœuf, la noix, les
côtes & les plus groffes pieces , peuvent également fe cuire à la broche ;
en obfervant ce que nous avons dit
ci-deffus : on peut auffi les varier
comme les différentes efpeces d'a-
loyau , & fe procurer des pieces de
rôt auffi agréables que falutaires.

Quartier de Veau.

Prenez un quartier de veau qui foit
fin , gras, & d'un beau blanc ; lardez-
le de gros lardons , & le laiffez mariner cinq ou fix heures avec moitié
bouillon , moitié vinaigre , fel, poivre & oignons coupés ; reffuyez-le &
le couvrez d'une crêpine de mouton
ou de veau, & le faites cuire à la

broche , en l'arrosant de son jus ;
lorsqu'il est cuit aux trois quarts ,
saupoudrez-le d'un peu de sel pilé &
mélangé avec de fines épices.

Si le veau est bon & mortifié, c'est
un rôti délicieux , & d'un suc restaurant & salutaire.

Longe de Veau.

Etant mortifiée à point , piquez le
haut de la longe avec du petit lard ,
& le gros de la cuisse avec de gros
lardons assaisonnés de sel , poivre &
persil pilés ; recouvrez-en le flanc d'une
feuille de papier blanc (& séché au
feu pour lui ôter le goût de la colle),
& la faites cuire à la broche , en l'arrosant de son jus.

C'est un bon plat de rôt, qui garnit bien & fournit beaucoup.

Veau à l'Efturgeon.

Piquez-le de gros lard , affaifonné de fel , poivre & fines herbes ; laif-fez-le mariner dans moitié vin de Champagne , moitié bouillon , fel , poivre , laurier & oignons coupés par tranches , & une pincée de coriandre en poudre ; lorfqu'il aura paffé la nuit dans cette faumure , faites-le cuire à la broche , bien arrofé , & le fervez dans fon propre jus , rôti d'un beau blond doré.

C'eft un rôti délicieux , tendre & parfaitement fain.

Cuiffeau de Veau rôti.

Piquez-le de part en part avec de gros lardons, affaifonnés de fel , poivre , ail & perfil pilés enfemble frottez-le tout autour avec du beurre frais , & le mettez à la broche ; arro-

fez-le avec du jus de veau, & lorſqu'il ſera rôti à ſon point, ſervez-le
ſur ſon propre jus. ❋

Quarré de Veau piqué, glacé.

Prenez un quarré de veau, & le
laiſſez bien mortifier; piquez-le en
deſſins réguliers, & le faites cuire
à la broche, enveloppé d'une feuille
de papier beurré; & lorſqu'il ſera
rôti d'une belle couleur aurore, vous
le glacerez avec du caramel de jus de
veau réduit en conſiſtance de miel ou
de crême blanche.

C'eſt un rôti ſucculent, délicat &
des plus appareils : mais il faut que la
glace en ſoit bien faite, & ſur-tout
ne ſoit pas brûlée, ce qui la rendroit
amere & déteſtable.

Quartier de Mouton rôti.

Les plus groſſes pieces de mouton

se préparent de la même maniere que le bœuf & le veau : on obfervera feulement de le mortifier un peu moins ; de le piquer à petits lardons, & de lui donner moins de cuiffon, parce que la chair en eft plus tendre, & par conféquent plutôt cuite : le gigot ou quartier de derriere eft toujours le plus eftimé, & celui qui fe fert de préférence fur les meilleures tables.

Lorfqu'on veut lui donner le goût du Chevreuil, on le fait mariner dans du vinaigre coupé d'une bouteille de vin du Rhin, ail, oignons, thim, laurier, mufcade & coriandre pilés enfemble, & on le laiffe tremper douze heures dans cette marinade chaude ; puis on le fait rôtir.

C'eft un plat de rôt délicat & trèseftimé : le mouton eft d'ailleurs une viande faine, quand il a été nourri dans de bons pâturages.

CHAPITRE VII.

Pieces de Rôt du Cochon, Sanglier, &c.

Jambon rôti.

PRENEZ un jambon frais, falé depuis peu, parez-le par-deffous, & le faites deffaler & mariner deux jours entiers dans du vin blanc ; reffuyez-le, enveloppez-le de crêpines, & le mettez à la broche ; faites-le cuire à petit feu pendant cinq ou fix heures, en obfervant de porter la force du feu du côté ou l'on verra qu'il a le plus de peine à fe cuire ; & à mefure qu'il fe cuira, vous l'arroferez avec une chopine d'eau chaude, qui, re-tombant dans la léchefrite, vous don-nera

nera le moyen de l'arrofer fouvent pour le deffaler & l'attendrir : on évitera de l'arrofer avec du vin ; car cela le feroit racornir , & l'empêcheroit de bien cuire.

Lorfque votre jambon fera cuit aux trois quarts , il faut en enlever proprement toute la couenne , la paner légérement avec de la chapelure de pain , & lui faire prendre une belle couleur , en le remettant une demi-heure de plus à la broche.

Servez-le dans un plat chaud , en verfant deffous le jus qu'il aura rendu fur la fin.

C'eft un rôt délicat & tendre , lorfque le cochon eft d'un bon acabit; mais la chair en eft lourde & difficile à digérer : l'ufage en eft moins dangereux à dîner qu'à fouper.

Quartier de Porc rôti.

Toutes les pieces du porc frais font

excellentes à rôtir , sur-tout lorsqu'il
n'a que sept à huit mois , & qu'il a été
nourri de bons pâturages : on choisira
de préférence celui qui a la chair rou-
geâtre & ferme , qui ne sent sur-tout
aucun goût de fort.

Lorsqu'il est mortifié , on le met
tout simplement à la broche avec une
branche de sauge verte piquée de part
en part ; cela lui donne un goût relevé , qui aide beaucoup à le digérer
plus parfaitement.

En le sortant du feu , il faut le saupoudrer avec du sel pilé & mélangé
d'une pincée de fines épices ; cela
l'attendrit & lui donne plus de saveur,
de délicatesse & de salubrité.

Cochon de Lait rôti.

Prenez un grand chaudron , dans
lequel votre cochon de lait puisse con-
tenir sans lui ployer les reins ; versez-

y de l'eau aux deux tiers , & la faites
chauffer modérément ; faites-y tremper votre cochon de lait , en le sou-
tenant par la tête & les pieds de derriere ; tournez-le sans cesse dans le
chaudron , jusqu'à ce que l'eau étant
assez chaude , fasse tomber quelques-
uns des poils du cochon ; sortez-le
de l'eau & l'étendez sur la table ;
frottez-lui tout le corps avec un torchon neuf , & lorsque tout le poil en
sera tombé , vuidez-le & lui relevez
les pieds de derriere en les fixant avec
deux brochettes d'argent ou de bois.

Il faut dans cet état , le suspendre
dans un endroit frais , & le laisser s'y
mortifier pendant vingt-quatre heures.

Mettez-le à la broche avec un bouquet dans le corps , composé de fines
herbes & de deux ou trois brins de
sauge verte ; laissez-le cuire à petit
feu , sans trop le précipiter.

Et afin de lui rendre la peau dorée

& bien croquante , lorsqu'il commence à sécher , il faut le bien essuyer
avec un linge blanc , & le frotter avec
de la meilleure huile d'olive de Provence ; cela lui rend la peau ferme ,
polie , & cassante comme du verre.

 C'est un manger généralement estimé, & un plat de rôt délicat, qui
se sert sur les meilleures tables ; mais
on doit en manger modérément ;
quoiqu'il soit moins pesant que le cochon ou porc frais, il est également
difficile à digérer.

Cochon de Lait farci.

 Etant échaudé comme ci-dessus ;
désossez-le entièrement, en ne lui
laissant d'autres os que ceux de la
tête & l'extrémité des pieds ; vuidez-
le encore chaud, & lui troussez les
pieds à l'ordinaire, pour lui donner
une forme plus agréable.

rémplissez le corps du cochon de lait
avec une bonne farce compofée de
veau, de lard & de reftes de volaille
ou de gibier ; faites-le cuire enfuite
dans une poiffonniere, en lui donnant
la forme la plus ovale : on obfervera
qu'il faut le coucher fur le dos pour
le faire cuire dans la poiffonniere ;
lorfqu'il fera cuit à moitié, on le for-
tira, on le reffuiera, on le frottera
extérieurement avec de bonne huile ,
& on le fera rôtir à la broche, en
l'arrofant avec la même eau chaude
dans laquelle il aura bouilli : fervez-
le fur un lit de maches ou de creffon ,
arrofé de jus.

Il y a des Cuifiniers à Venife &
en Italie, qui les farciffent avec des
anchois, capres, truffes, morilles,
champignons & autres garnitures :
ces fortes de combinaifons peuvent
fe varier à l'infini, & font fubordon-

C iij

nées à l'intelligence & au goût d'un cuisinier délicat.

Il est sûr que le cochon de lait fourré, est moins indigeste que de toute autre maniere, parque la farce boit & se nourrit de cet excès de graisse qui le rend fastidieux & mal sain.

Rôt de Sanglier.

Le quartier, le cuissot & les filets du sanglier, lorsqu'ils sont mortifiés, offrent d'excellentes pieces de rôt.

Il faut pour cela les piquer avec de moyen lard, les faire mariner dans du vin blanc avec des fines herbes, basilic & sauge, puis les faire cuire à la broche, en les arrosant souvent avec leur propre jus : en les sortant de la broche, on les poudre avec un peu de sel pilé & mélangé avec un pincée de fines épices. (*Voyez le Chapitre des Assaisonnemens & Garnitures*).

On obfervera que le chevreuil, le daim & le cerf fe préparent en pieces de rôt de la même maniere que le fanglier ou le marcaffin, & qu'ils demandent à être un peu plus mortifiés que la viande de boucherie.

Les bêtes fauves en général ont plus de fumet & de faveur que les autres viandes ; mais elles font moins favorables à la fanté.

CHAPITRE VIII.

Pieces de Rôt du Lievre, Lapin & Lapereau.

Vieux Lievre rôti, auffi tendre & favoureux qu'un Lapereau.

POUR rendre un vieux lievre auffi tendre qu'un jeune levraut, il faut,

C iv

lorfqu'il eft mortifié, le dépouiller &
lui enlever une feconde peau épaiffe
& coriace qui enveloppe lès cuiffes &
le filet ; faites-le refaire un inftant
fur la braife ; piquez-le avec du petit
lard, & le laiffez mariner pendant
plus de trois heures dans une chopine
de vinaigre, fel, poivre, laurier &
tranches d'oignon ; mettez-le à la
broche, arrofez-le fouvent avec fa
propre marinade ; & avec les foies,
vous formerez une fauce piquante
avec verjus, bouillon, fel, poivre, &c. foies pilés & délayés dans
ce mélange, dont vous remplirez une
fauciere.

Préparé de cette maniere, il fera
tendre, fucculent, & d'un fumet
très-délicat, capable de balancer celui d'un jeune levraut.

Levraut rôti.

Le levraut dépouillé, doit être piqué de mêmes lardons, & recouvert d'une barde de lard; on le met à la broche, on l'arrose avec son jus, & on le sert accompagné d'une sauce piquante ou d'une poivrade dans une sauciere.

Lorsqu'il n'a pas perdu son jus en cuisant, c'est un morceau délicat, fin, & d'un suc des plus salutaires ; mais il faut qu'il ne soit pas trop cuit : j'ai constamment observé qu'ils sont plus succulens lorsqu'ils ne sont que bardés, que lorsqu'ils sont parfaitement piqués.

Le Levraut du Chasseur.

La meilleure maniere de préparer un levraut dans une demi-heure, c'est de le dépouiller, le vuider & le

refendre dans toute fa longueur, depuis le deſſous de l'eſtomac juſqu'à la
queue (comme des pigeons à la cra-
paudine) ; ſaupoudrez-le de ſel, poivre, &c. & le faires cuire ſur le gril ,
fans autre préparation.

Cette maniere, dont les Sauvages
& les Chaſſeurs font ſouvent uſage ,
eſt ſaine , prompte & facile : elle n'a
pas l'élégance du coup-d'œil ; mais
elle eſt vraiment convenable à des
gens fatigués.

Lapin domeſtique rôti avec le fumet ſauvage.

Dépouillez-le proprement , en ne
iaiſſant un peu de poil qu'aux extrémités des pattes ; vuidez-le & le frottez
Intérieurement & extérieurement avec
une poignée de romarin & de ſerpo-
let ; mettez-lui dans le corps une petite farce fine compoſée de reſtes de

volaille ou gibier pilé avec du lard &
affaisonnemens ; trouffez-le comme
un levraut , faites-le refaire un inftant , & le piquez ou bardez de lard ;
mettez-le à la broche , & le faites
cuire à petit feu , en l'arrofant avec
fon propre jus à mefure qu'il en ré-
pandra.

Lorfque le lapin eft jeune & un
peu mortifié, il eft très-délicat , préparé de cette maniere ; & fi on a eu
l'attention de lui brûler l'extrémité
des pattes, & ce long poil que les lapins domeftiques ont ordinairement
au-deffous des ongles, il y a bien
des connoiffeurs qui , trompés par le
fumet , croiroient manger un lapin
fauvage.

Lapin rôti.

Il fe prépare exactement comme
le précédent , avec la feule différence

qu'un lapin sauvage , portant naturellement son fumet avec lui , n'a pas besoin d'être frotté avec des plantes aromatiques.

Lapereau piqué.

Dépouillez-le sans le déchirer ; étendez-le sur le dos , & le remplissez d'une petite farce fine ; recousez-en proprement l'ouverture , & le faites refaire un instant sur de la braise douce ; piquez-le ensuite avec du petit lard , légérement affaisonné, & le recouvrez d'un papier beurré, afin que le feu ne le desseche pas avant d'être cuit ; mettez-le à la broche , & l'y laissez se rôtir à petit feu jusqu'à ce qu'il soit d'un brun doux & doré ; arrosez-le souvent , & quand il sera presque cuit , ôtez le papier, pour que le lard piqué puisse prendre couleur.

C'eſt un manger délicat, agréable & très-ſain.

Lapereaux roulés, piqués.

Il faut les dépouiller & les déſoſſer ſans les déchirer ; lorſque vous en aurez ſéparé tous les os, excepté l'extrémité des pattes, vous l'étendrez ſur une table, & avec ſon foie, du veau & du lard, vous compoſerez une petite farce pilée, dont vous le remplirez ; étendez-en une couche dans tout le dedans du lapereau, & couchez-y par intervalle des petits filets de chair que vous aurez enlevés du lapereau en le déſoſſant ; ſemez y du perſil haché, quelques tranches fines de truffes noires, &c. recouvrez le tout d'un peu de farce bien uniment, puis vous roulerez votre lapereau bien ſerré en maniere de ſauciſſon ; enveloppez-le d'une crêpine ſoudée ſur les bords , & le laiſſez une heure ſe raffermir.

Piquez-le au travers de la crêpine, en ſuivant un deſſein régulier & agréable , ce qui ſera peu difficile , puiſqu'il n'y a point d'os a éviter.

Lorſque vous en aurez préparé deux ou trois de la ſorte , vous les mettrez à la broche , & aurez ſoin de les faire cuire à très-petit feu , pour qu'ils ne s'y ſurprennent pas.

Arroſez-les ſouvent avec leur jus , & les ſervez dans un plat chaud.

C'eſt un plat de rôt des plus déli- cats & des plus apparens : il réunit l'agrément à la ſalubrité.

Lapereau au Tombeau.

Préparez le à l'ordinaire , comme pour le mettre en broche ; bardez-le, & au lieu de le rôtir devant le feu, faites-le rôtir dans une petite poiſfonniere ; au fond de laquelle vous aurez mis deux cuillerées de graiffe blanche ; recouvrez bien le vafe , & l'expofez à un feu de charbon très-doux , pour s'y rôtir à petit feu ; vous le retournerez fouvent, pour qu'il fe cuife & fe dore également fur tous les côtés , & le fervez chaud.

C'eft peut-être la maniere la plus facile & la plus faine de rôtir les viandes ; elles fe pénétrent moins vivement de l'action du feu, & confervent une plus grande quantité de fucs.

_____

CHAPITRE IX.

Rôts de Faisans, Perdrix, Bécasses, &c.

_____

Faisans rôtis.

LAISSEZ mortifier vos faisans plus ou moins, suivant le goût & la saison ; plumez-les, épluchez-les bien de tout leur duvet, & les flambez légérement.

Composez une farce fine, avec foie, persil, échalotes, lard pilé, sel, poivre & muscade ; hachez soigneusement le tout, & le liez avec deux jaunes d'œufs ; remplissez-en vos faisans, sans trop les bourrer, & leur passez le bouton dans le croupion ; assurez-en les cuisses avec une

petite aiguille d'argent ou une brochette de bois, & la liez tout autour
avec un bout de ficelle neuve.

Faites-les refaire dans du beurre
fondu; essuyez-les bien, & leur mettez une ou deux bardes à chacun, ou
bien piquez-les tout autour avec du
petit lard ferme, & modérément affaisonné.

Mettez-les à la broche, & les y
faites cuire à petit feu, en les arrofant souvent jusqu'à parfaite cuisson.

Ce sont des pieces de rôt très-esti-
mées, & d'un suc délicat & sain.

Faisan aux Truffes.

Choisissez un beau faisan gras &
fort en chair; préparez-le comme ci-
devant, & le remplissez avec une
farce fine, parsemée de truffes cuites
dans du vin rouge, & coupées en
petits dés ou par tranches fines : il ne

faut pas que les truffes y foient trop
abondantes ; car lorfqu'elles domi-
nent, le faifan en eft moins délicat.

Vous acheverez de les préparer
comme le précédent faifan , & le mettrez à la broche pour le finir à l'ordinaire.

La truffe femée avec modération ,
donne un goût agréable & relevé aux
faifans : elle rend fon fuc plus facile à
digérer , & c'eft un plat de rôt fingu-
liérement recherché des gourmets &
des amateurs.

Rôt de Bécaffes.

Prenez deux bécafles de la belle
efpece ; laiffez-les fe mortifier ; plumez-les & les faites revenir fur la
braife douce ; vuidez-les, & avec tout
ce que vous fortirez de leur corps ,
vous compoferez une farce fine &
légere , en les mélangeant avec des

reſtes de volaille, petit lard & eſtragon ; piquez-les ou bardez-les , & les
faites cuire à la broche, en les arroſant avec le jus qu'elles rendront ; &
lorſqu'elles ſeront cuites à leur point ,
ſervez-les dans un plat chaud ; car la
bécaſſe froide perd beaucoup de ce
fumet délicieux que lui a donné la
nature.

C'eſt un rôti délicat & ſain.

Bécaſſes en Rôties.

Préparez - les comme ci - deſſus ,
mais ne les vuidez-pas ; étant piquées,
faites les rôtir , & mettez ſous chaque
bécaſſe une belle tranche de pain grillée des deux côtés ; placez-les dans la
léchefrite , de ſorte que le jus qui
découlera de vos bécaſſes , les arroſe
en tombant deſſus : ſervez chaud.

Elles ont plus de fumet de cette
maniere que de la précédente ; mais
elles ſont plus pâteuſes , & moins
difficiles à digérer.

Bécassines à l'Estoufade.

Une maniere plus saine, plus succulente & plus parfumée, c'est de les faire rôtir dans leur propre jus, au fond d'une casserole fermée, avec un feu très-doux : il faut pour cela les préparer à l'ordinaire, & les couvrir d'une barde de lard ; faites-les revenir dans un peu de graisse fondue, & sans y rien ajouter ; ayez soin de les retourner souvent, afin qu'elles ne se rôtissent pas plus d'un côté que de l'autre : le feu doit être très-modéré, & les pénétrer par degrés.

Lorsqu'elles seront parfaitement rôties, sortez-les & les mettez sur un plat près du feu, pour qu'elles ne refroidissent pas ; faites boire tout le jus qu'elles auront rendu à deux ou trois tranches de pain rôties, & placez-en une sous chaque bécassine.

Vieilles Perdrix rôties.

Lorſqu'on n'a que de vieilles perdrix à rôtir, on peut les manger tendres, en les laiſſant d'abord ſe mortifier, puis en les plumant & les poudrant de ſel & poivre pilés enſemble,
& les arroſant d'un filet de bon vinaigre; lorſqu'elles ont paſſé de la
ſorte vingt-quatre heures, il faut les
piquer & les faire rôtir à la broche
devant un feu doux, & elles feront
auſſi tendres que des perdreaux, &
auſſi faciles à digérer.

Perdreaux à la Choiſeul.

Prenez de jeunes perdreaux; ha-
billez-les & les faites refaire; trouf-
fez-les & les piquez ou les enveloppez de bardes de lard; rempliſſez-les
d'une farce fine, compoſée de la
diſſection d'un jeune perdreau haché

avec petit lard, truffes & morilles ; rempliffez-les avec modération, & les faites cuire devant un feu clair, qui ne foit pas vif : on aura foin qu'ils ne foient pas trop cuits, car ils fe deffécheroient, & perdroient toute leur qualité.

Rien de plus fain & de plus délicat.

Perdreaux à la Sultane.

Choififfez quatre bons perdreaux d'un fumet délicat ; dépouillez de toutes fes chairs le plus mauvais des quatre ; féparez-en tous les os, les nerfs & les fibres, & le pilez avec graiffe de volaille, un anchois & des moufferons ; mouillez cette farce d'un peu de bon confommé, & en rempliffez vos perdreaux ; piquez-les tout autour avec des lardons, mélangés alternativement de truffes & d'anchois ; mettez-les à la broche , & les faites rôtir à feu doux , en les arrofant avec du cohfommé ou du bouillon ; lorfqu'ils feront cuits aux deux tiers , il faut cesser de les arrofer jufqu'à ce qu'ils aient pris une belle couleur ; & on les fert brûlans , après les avoir faupoudrés d'un peu de fel mélangé avec de fines épices.

C'eft un rôti des plus délicats de la cuifine vénitierne : il réunit l'agrément & la falubrité.

Perdreaux à la Cendre.

Choififfez & préparez vos perdreaux comme pour les rôtir à la Choifeul ; ayez une grande feuille de papier blanc , fur laquelle vous placeréz une vingtaine de tranches de truffes ; enveloppez chacun de vos perdreaux d'une femblable feuille de papier , & fur cette premiere feuille ,

vous en roulerez une seconde bien
ferrée & assûrée avec du gros fil de
ménage ; ayez attention que vos papiers touchent les perdreaux de tous
côtés , & qu'il y ait le moins de vuide possible entre le papier & le perdreau ; enterrez-les dans de la cendre
brûlante ; recouvrez-les bien , & ne
conservez au-dessus que peu de feu ;
un quart-d'heure après , visitez-les ;
& retournez le côté le moins cuit du
côté au-dessus , de sorte que la force
du feu puisse le pénétrer davantage ;
étant bien cuits , sortez-les du papier , & les dressez dans un plat sur
les truffes qui lui ont servi de garniture.

Cette maniere de les rôtir est fort
usitée en Italie ; mais elle desséche
trop les perdreaux , & ils perdent
beaucoup de leur qualité restaurante.

CHAPITRE

CHAPITRE X.

Pigeons, Ramiers, Cailles, Tourte-relles, Alouettes rôtis.

Pigeons rôtis.

LES pigeonneaux étouffés & plu-més tout chauds, n'ont pas besoin d'être mortifiés; on peut les manger aussi-tôt, en les enveloppant d'une barde de lard, & les faisant cuire à la broche : ils demandent peu de cuis-son, & à être bien arrosés.

Les meilleurs pigeons à rôtir sont ces gros pigeons de maison, qu'on ap-pelle pattus, parce qu'ils ont toutes les pattes & les griffes couvertes de plumes; ils ont le double de chair

des pigeons fuyards , & un fuc plus
reſtaurant & plus délicat. On les prépare de la même maniere , & on les
ſaupoudre d'une pincée de ſel en les
ſortant de la broche. Il eſt bon d'obſerver qu'ils ſont plus ſucculens bardés que piqués , parce que le pigeon
piqué ſe deſſeche facilement en rô-
tiſſant.

Ramiers à la Tartare.

Dès qu'on les a tués, on les plume;
on les vuide & on les refend depuis
le commencement de l'eſtomac, au-
deſſous du col juſqu'au croupion ; on
les ouvre entiérement comme un lievre , & on les bat pour les applatir
& les obliger de reſter ouverts ; poudrez-les de poivre & de ſel , &
les frottez d'un morceau de beurre ;
faites-les cuire tout ſimplement ſur
la braiſe ; retournez-les & les ſervez
ſur le champ,

C'est ainsi que les Tartares & bien
des Chasseurs les mangent : on sent
qu'il n'y a que la nécessité qui puisse
les faire trouver excellens.

On peut y ajouter une sauce piquante.

Tourterelles rôties.

La tourterelle ressemble beaucoup
au pigeon ; elle possede les mêmes
qualités & des sucs plus délicats : il
vaut mieux les barder que les piquer ;
& vers l'automne, elles demandent
à être un peu mortifiées : il ne faut pas
qu'elles soient trop cuites, & sur-
tout les servir chaudement.

On prétend qu'elles rendent mé-
lancolique, mais il est permis d'en
douter.

Tourtereaux à la Conti.

Préparez-les à l'ordinaire, comme
D ij

pour les mettre à la broche , & les
remplissez d'une petite farce compofée de blancs de volaille ou reftes de
menu gibier, pilés avec lard , mie de
pain bouillie dans du lait & des jaunes
d'œufs pour les lier ; recoufez-en l'ouverture ; bardez-les & les faites rôtir
à petit feu, en plaçant au-deffous des
tranches de pain grillées pour recevoir ce qui en découlera comme aux
bécaffes rôties ; étant cuites de belle
couleur , fervez-les chaudement.

Ils font excellens & falutaires aux
convalefcens & aux perfonnes en
fanté.

Tourtereaux étouffés.

Il faut les préparer pour la broche ,
les bien vuider , les barder, puis les
faire cuire à petit feu dans une cafferole de terre , au fond de laquelle on
aura fait fondre un peu de graiffe

d'oie ou de porc frais ; tenez votre
casserole bien couverte , & retournez
souvent vos tourtereaux , jusqu'à ce
qu'ils soient également dorés & cuits
de tous côtés : servez-les chauds.

Ils sont délicats & restaurans.

Cailles rôties.

Plumez-les , flambez-les , & les
faites refaire sur un feu doux ; vuidez-les & les frottez d'un peu de
graisse blanche sur tout le corps ; recouvrez-les de deux bardes de lard ,
l'une sur le dos, l'autre sous le ventre; car la caille étant sujette à se dessécher, a besoin d'être bien humectée
pour être à l'abri du feu : mettez-les
à la broche , arrosez-les & les servez
à l'ordinaire.

Lorsqu'on veut leur donner un fumet plus agréable, il faut les arroser
à la broche avec du consommé dans

D iij

lequel on a fait bouillir deux feuilles de laurier & quelques grains de genievre.

Elles font faines & délicates.

Cailles piquées en Redingote.

Préparez vos cailles comme les précédentes, & au lieu de les couvrir d'une barde de lard, piquez-les de petit lardons ferrés, fymétriquement placés ; enveloppez enfuite vos cailles d'une grande crêpine qui les environne de toutes parts , excepté la tête , & les faites cuire à la broche à petit feu : elles feront délicieufes & d'une très-jolie apparence.

Cailles à l'eftouffade.

Elles fe préparent comme les tourtereaux étouffés; on y ajoute feulement une ou deux feuilles de laurier pour en mieux relever la faveur.

Sarcelles , Grives & Alouettes rôties , &c.

Les farcelles , grives, alouettes &
autres menus oifeaux de chaffe , fe
préparent en rôti , de la même maniere que les perdreaux & les cailles ;
c'eft pourquoi , pour éviter d'inutiles
répétitions , je n'entrerai dans aucun
détail à leur fujet.

Tous ces différens oifeaux , lorfqu'ils font jeunes & gras , & un peu
mortifiés , offrent des morceaux délicats & tendres, qui font fouvent pré-
férés à de groffes pieces de rôt. Il faut
avoir foin de ne pas les deffécher.

Ils font en général très - falutaires
à tous les tempéramens.

CHAPITRE XI.

Pieces de Rôt du Dindon, Oies & Canards.

Dinde rôtie.

LA dinde eft infiniment plus délicate que le dindon ; fa chair eft plus tendre, plus fucculente, & d'une faveur plus fine ; auffi eft-elle recherchée de préférence des amateurs.

Plumez-la & lui faites une incifion fous le col, pour lui ôter la poche ; féparez la peau de la poche, jettez-en tout l'intérieur, & lui coupez le commencement du boyau qui eft attaché à la poche.

Faites une autre incifion fur le

côté, par laquelle vous vuiderez toutes les entrailles, le foie, le cœur, le géfier, &c. en obfervant de ne pas crever la veffie pleine de fiel qui eft attachée au foie ; le fiel qui en découle, communiqueroit à la dinde une fi grande amertume qu'elle ne pourroit plus fe manger.

Enfuite, battez-lui l'eftomac avec un rouleau de bois, pour l'applatir & lui donner une forme plus ovale ; couchez-lui les pattes fous le ventre, & les y fixez avec un bout de ficelle ; laiffez-la fe mortifier dans un lieu frais, le dos tourné vers le courant de l'air.

Lorfqu'elle fera fuffifamment mortifiée, épluchez-la, faites-la refaire ou flamber un inftant, pour en enlever l'humidité, & la piquez de menu lard ; fixez les cuiffes avec une brochette de bois que vous pafferez au travers des cuiffes & du corps de

D v

votre dinde ; mettez-la ensuite à la broche, & la faites cuire & rôtir devant un feu doux & clair, environ une heure ; ne la preffez pas, & l'arrofez fouvent avec fon jus ; ayez foin d'obferver lorfquelle commencera à laiffer éclater de petites fufées de jus ou de fumée, parce qu'alors elle eft cuite à fon point, & il faut la retirer du feu, pour l'y tenir feulement chaude jufqu'au moment de la fervir.

C'eft un manger fain, délicat, & recherché fur les meilleures tables.

Dinde aux Truffes rôtie.

Préparez-la d'abord comme la précédente, & la farciffez enfuite avec un lit de farce fine compofée de fon foie, veau, perfil, fel, poivre & quelques petits oignons de Provence ; le tout haché & manié enfemble.

Etendez-en dans tout le corps de

la dinde un doigt d'épaiſſeur ; & y parſemez une trentaine de jolies truffes rondes , & cuites dans du vin blanc ; hachez enſuite le reſte de vos truffes avec le reſte de votre farce ; maniez le tout enſemble , & achevez d'en farcir votre dinde ſans trop la bour- rer ; recouſez-en l'ouverture , & la laiſſez ſe mortifier quelques jours dans un endroit frais : on peut, dans cet état , l'envoyer aux extrémités du royaume par la voie de la poſte.

Lorſqu'on veut la manger , on la fait rôtir à la broche , & on la ſert en- vironnée du jus qu'elle aura rendu.

C'eſt un plat de rôt très-eſtimé des connoiſſeurs : mais , outre qu'il eſt très-cher , il eſt permis de douter de ſa ſalubrité.

Dindon fourré rôti.

Choiſiſſez un dindon jeune, gras &

D vj

bien en chair; défoffez-le entiérement par le dos, fans en déchirer la
peau.

Prenez deux belles tranches de veau
blanc & tendre, piquez-les de gros
lardons qui les traverfent de part en
part, & les placez dans le corps de
votre dindon; piquez auffi le dedans
du dindon, fans en percer la peau,
& en refermez l'ouverture en lui donnant une forme ovale qui foit agréable à l œil; il faut y laiffer tenir l'os
des cuiffes & les ailerons, pour faire
imaginer que le dindon eft dans fon
entier; faites-le refaire un inftant &
le ficelez, de peur qu'il ne creve en
cuifant.

Mettez-le à la broche, & le faites
cuire à petit feu, en l'arrofant fouvent de fon jus; prenez-garde qu'il
ne fe furprenne; étant rôti à point,
fervez-le cha d.

C'eft un plat de rôt apparent, déli-

cat, & des plus reſtaurans à la ſanté :
les ſucs du dindon, conſervés par les
tranches de veau, doivent rendre du
jus avec abondance.

Dindonneau piqué, glacé.

Prenez un dindonneau gras & bien
nourri, préparez-le à l'ordinaire, &
le laiſſez mortifier; piquez-le de petits lardons, recouvrez-les d'une crêpine de veau, & le faites cuire à la
broche, en l'arroſant avec un jus de
veau conſommé; lorſqu'il ſera preſque cuit, faites réduire en caramel
tout le jus qu'il aura rendu, & le verſez ſur le dindonneau, pour le glacer également par-tout avec une
plume.

Plat de rôt délicat & ſain.

Dinde au Creſſon.

Préparez-la à l'ordinaire, & la pi-

quez de moyens lardons ; faites-la
rôtir à la broche , & la fervez fur un
plat garni de creffon , qu'il faut arrofer avec tout le jus qu'elle aura
rendu.

On peut , fi on le préfere , farcir
la dinde avant de la cuire , avec des
mâches ou du creffon , qui fe cuira
en même tems que la piece , & fe
nourrira de fon jus.

C'eft un rôti fucculent & des plus
falutaires.

Oie à la Broche.

Choififfez - la jeune , tendre &
graffe ; car les vieilles oies maigres ,
font un manger infipide & très-indi-
gefte ; épluchez-la bien , flambez-la
& la vuidez : il eft inutile de piquer
les oies ; car elles font par elles-mêmes affez graffes pour en nourrir leur
chair ; il eft même bon , pour abfor-

ber l'excès de sucs & de graisses dont
elles abondent, de les farcir de mâches de cresson ou de laitues avant
de les mettre à la broche ; cela leur
donne un goût plus fin, & les enrichit d'une garniture agréable & saine :
il faut plus d'une heure pour les rôtir ; on les arrose à l'ordinaire, & on
les sert dans un plat très-chaud.

L'oie est naturellement pesante, &
d'un suc plus grossier que le dindon ;
mais c'est une piece de ménage très-
économique, & qui fournit beaucoup : d'abord, on la sert rôtie en
entier, puis on en sépare les deux
cuisses pour les mettre à la sauce-ro-
bert, les ailes se servent en ragoût ;
& la carcasse, &c. peut se servir au
court-bouillon.

Vieille Oie rôtie & tendre.

Pour rendre une vieille oie auffi

tendre qu'une jeune dinde, il faut, quand elle eſt bien mortifiée, la faire bouillir trois heures au pot, puis on la ſort, on la reſſuie & on la fait rôtir une demi-heure à la broche, pour achever de s'y cuire, & prendre la couleur & le goût de l'oie rôtie.

Lorſqu'elle eſt groſſe & graſſe, on peut la farcir avec ce qu'on voudra : le bouillonnement ſuffit pour l'atten‑drir & détruire la tenacité des chairs; elle s'y dégorge des ſucs trop épais qui la rendent groſſiere, & la broche la déguiſe aſſez parfaitement pour ne pas faire imaginer qu'elle ait été bouil‑lie : on ſent qu'il ne faut pas qu'elle ait cuit plus de moitié dans la mar‑mite au bouillon.

Oie aux Marrons.

Préparez-la comme pour la mettre à la broche ; faites rôtir ſous la braiſe

des marrons , dépouillez-les de leur
peau & les faites blanchir un inftant ,
pour achever d'en enlever toutes les
pellicules; mettez-les en cafferole avec
cinq ou fix fauciffes , le foie de votre
oie , du petit lard & un morceau de
beurre , fel , poivre & fines herbes
hachées ; mélangez le tout enfemble
& en rempliffez le corps de votre
oie ; fermez-en bien l'overture d'une
couture folide , & la faites cuire à
la broche, en l'arrofant fouvent.

Quoiqu'on faffe cas de cette piece
de rôt , elle eft lourde & très-indi-
gefte; elle ne convient qu'à des eftomacs campagnards ; les fantés foibles
ou valétudinaires doivent s'en abf-
tenir.

Canard à la Broche.

Tuez-le en lui plantant une aiguille
dans la cervelle au milieu de la tête;

plumez-le chaud, flambez-le, vuidez-
le & le laissez mortifier ; lardez-le &
le faites cuire à la broche devant un
feu doux ; arrosez-le avec du con-
sommé-bouillon, dans lequel découlera le jus du canard, & le servez
chaud.

S'il est jeune & gras, c'est un bon
manger, mais un peu pesant & froid.

Canards au Pere Douillet.

Prenez de jeunes canards, épluchez-
les, flambez-les & les troussez en
dedans ; lardez-les de petit lard, &
les farcissez avec la chair d'une poule
hachée avec les foies du canard, deux
saucisses, un peu de jambon, & cinq
ou six truffes cuites dans du vin rouge;
le tout haché, manié ensemble, &
lié avec des jaunes d'œufs, remplissez-en vos canards, en y parsemant çà
& là quelques petites tranches de ci-

tron & une pincée de coriandre ; cou-
fez-en l'ouverture , & les faites cuire .
à la broche bien arrofés.

Ils feront fains & délicieux.

Canetons rôtis aux Olives.

Préparez-les comme pour les cuire
à la broche, avec l'attention de les
flamber & bien éplucher de tout le
duvet qui leur couvre le corps en
abondance.

Faites laver des olives dans de l'eau
bouillante , ôtez-en proprement les
noyaux , relavez-les & les laiffez
égoutter ; fi elles font trop ameres ?
il faut les laiffer tremper une heure
dans une feconde eau bouillante.

Faites cuire vos olives dans du
bouillon, avec du petit lard & un anchois, une tranche de citron , &c.
tournez-y vos olives jufqu'à ce qu'elles y aient pris goût & confiftance ;

lorfqu'elles feront à peu près cuites,
farciffez-en vos canetons, recoufez-
en l'ouverture, & les faites cuire à
la broche, en les arrofant de leur jus.

C'eft un rôt délicat, fain & d'un
goût exquis pour les amateurs d'olives.

Canetons aux Truffes.

On les prépare exactement comme
les dindons aux truffes, excepté qu'on
fait une quantité moins confidérable
des apprêts de farces, &c. on les farcit avec le même foin, & on les fait
rôtir à l'ordinaire, & il faut les re-
couvrir d'une crêpine tout autour ;
cela conferve merveilleufement le
parfum des truffes, &c. & les bien
arrofer avec leur propre jus.

Ils font fains & recherchés ; ils fe
fervent avec fuccès fur les meilleures
tables.

CHAPITRE XII.

Pieces de Rôt de Chapons , Poulardes
& Poulets.

Poularde rôtie.

CHOISISSEZ une poularde jeune &
bien nourrie, plumez-la & lui faites
une incifion fous le col pour en tirer
la poche ; féparez-en la peau, & lui
coupez le boyau qui y eft attaché ;
vuidez-la entiérement par derriere,
fans crever la véficule du fiel, qui
tient au foie, & la laiffez mortifier.

Faites-la revenir fur la braife, en
l'y retournant fur tous les fens , pour
repomper l'humidité qui fe trouve
toujours engorgée fur la fuperficie des

chaire; épluchez-la bien, & fixez fes
cuiffes avec une brochette, en la fice-
lant au bout de l'os des cuiffes tout
autour du corps ; piquez-la ou la bardez d'une jolie tranche de lard ; & la
faites cuire une demi-heure à un feu
doux & égal.

Lorfqu'elle fera prefque cuite , faupoudrez-la d'une mie de païn bien
pulvérifée , & l'y laiffez prendre une
couleur dorée ; fervez-la chaude.

Rien de plus tendre ni de plus délicat qu'une poularde ainfi rôtie : elle
réunit tout ce qu'on peut defirer de
plus fain & de plus délicat. On fait
que les poulardes de Caux & celles
du Mans font les plus eftimées dans
la Capitale.

Chapon à la Broche.

Le chapon gras , foit de la Breffe
ou des environs de la Capitale , fe

prépare & fe rôtit de la même maniere
que la poularde.

Lorfqu'ils ne font pas très-gras, il
faut les farcir avec du lard, une tranche de veau & fines herbes ; cela
nourrit les chairs, & l'empêche de fe
deffécher : on les enveloppera d'un
joli piqué, recouvert d'une barde de
lard ; & étant bien arrofés à la broche, ils feront auffi tendres & auffi
délicats que des chapons du meilleur
coin de la Breffe.

Ils font nourriffans, reftaurans &
très-délicats.

Chapon aux Truffes.

Il fe prépare exactement de la même
maniere que la dinde aux truffes, &
s'accommode & fe rôtit de même.

Poularde à l'Angloife.

Epluchez-la, flambez-la & la troufsez proprement ; avec son foie , lard rapé , persil , ciboule & beurre frais , composez une petite farce dont vous là remplirez ; recousez - en l'ouverture , & la piquez ou bardez ; faites-la cuire à la broche , & l'arrosez souvent avec du beurre fondu , dans lequel vous délayerez deux jaunes d'œufs & mélangerez de la mie de pain pulvérisée ; lorsqu'elle sera presqu'entiérement cuite , vous la poudrerez de chapelure de pain pilée, & acheverez de lui donner encore quelques tours de broche pour lui faire prendre une belle couleur dorée : servez-la dans un plat qui soit chaud

C'est un plat de rôt délicieux , salutaire , & des plus apparens.

Poularde à l'Estouffade.

Préparez-la à l'ordinaire , & la faites rôtir étouffée dans une casserole

au

au fond de laquelle vous aurez placé
deux ou trois tranches fines de petit
lard ; recouvrez bien la caſſerole, &
ne mettez deſſous qu'un feu très-
doux ; retournez - la ſouvent, pour
qu'elle ſe rôtiſſe également ſur tous
les côtés ; & lorſqu'elle ſera par-tout
d'une belle couleur aurore, vous la
ſervirez.

C'eſt une excellente maniere de
manger la volaille rôtie : elle eſt plus
ſucculente & plus tendre qu'à la broche ; elle a plus de ſaveur & de délicateſſe ; mais il lui faut trois ou
quatre heures de cuiſſon : les chapons, poulets, &c. peuvent ſe cuire
de même.

Poulets à la Villeroy.

Choiſiſſez deux poulets gras préparés pour la broche, & les farciſſez
avec une bécaſſe pilée dans du lard,

perſil, ciboule, ſel, poivre & laurier ; faites-les barder ou piquer de
menu lard, enveloppé d'une petite
barde ; laiſſez-les cuire à la broche,
& les ſervez chauds.

Ils auront le goût du fumet ſauvage, & ſeront tendres & délicieux.

Poulets rôtis,

Préparez-les comme la poularde
rôtie, & dirigez en la cuiſſon de la
même maniere ; la ſeule différence
qu'il y a, c'eſt que les poulets exigent
moins de tems à ſe cuire que la poularde & les chapons.

On obſervera que les poulets de
grain, qui ſe ſont nourris aux bords
des aires ou des granges, ſont ordinairement les plus gras & les plus
nourriſſans.

Poulets à l'Italienne.

Epluchez-les , flambez-les & leur trouffez les pattes fous l'eftomac , en leur coupant le nerf qui eft derriere leurs cuifles ; ce qui fait tomber les pattes d'elles-mêmes fous leur ventre.

Mettez-leur dans le corps une petite farce compofée de leurs foies , blanchis & hachés avec un anchois , moufferons , morilles , capres & coriandre concaffés ; le tout mélangé & manié avec de bon beurre ; refermez vos poulets & les faites cuire à la broche , piqués ou bardés.

Ils font délicats , mais échauffans , & fujets aux dangers des champignons & des capres.

Poulets à la Cendre.

Ils fe préparent & fe cuifent exactement de la même maniere que les poulardes & dindes rôties fous la cendre, avec la différence qu'il faut les piquer de moyen lard, & les remplir d'une petite farce composée de leurs foies pilés avec lard & blancs ou restes de volailles ; enveloppez-les de deux feuilles de papier, & les faites cuire bien étouffés fous la cendre ; lorfqu'ils feront rôtis à point, fortez-les du papier, & les fervez glacés ou fans glace.

C'est une maniere très-imparfaite de les rôtir ; ils font fujets à être cuits inégalement, & à fentir un goût de fumée qui les rend indigestes & déplaifans.

Poulets aux Truffes , Marons , &c.

C'est exactement la même préparation que les dindes & poulardes aux truffes ou aux marons ; on peut feulement , pour les rendre plus agréables , choifir de petites truffes , & les couper en quatre , pour les mêler à une farce fine dont on remplit fes poulets ; on les fait enfuite rôtir à la broche.

Poulets à la Margot.

Prenez deux jeunes poulets ; & leur trouffez les pattes en dedans ; faites-les refaire un inftant dans du beurre fondu & mouillé d'un jus de citron ; reffuyez-les & leur piquez l'eftomac avec des branches de perfil ou de cerfeuil entre-mêlées de quelques lardons de petit lard ; faites-les cuire à la broche, & les arrofez avec le jus qui en découlera.

Lorfqu'ils font cuits , on les remplit ordinairement d'un ragoût de cornichons ou de morilles coupés en dés , & maniés avec du beurre & des fines herbes.

E iij

Ils font excellens , délicats & très-
fains.

Obfervations.

Il y a encore beaucoup d'autres manieres de manger des volailles rôties ; mais,
elles ne varient effentiellement que
dans les apprêts , garnitures ou farces
dont on les accompagne , ou dans la
forme dont on les prépare pour les
fervir : on peut décorer une dinde , ou
une poularde fine , d'emblêmes ,
d'écuffons ou de devifes charmantes ,
en les couvrant d'un papier blanc ou
l'on a découpé à jour tout ce qu'on
veut graver fur des volailles : on
place ces figures fur le blanc ou les
reins d'une piece , & en fe rôtiffant ,
le feu imprime en couleur aurore tout
le deffin découpé à jour fur le papier ,
& maintient tout le refte de la volaille d'un beau blanc.

Il faut que ces papiers foient frottés d'un peu de graiffe blanche du
côté qui touche les volailles, fans
quoi il s'y brûleroit & les deffé-
cheroit, &c.

CHAPITRE XIII.

*Des Râles, Ortolans, Bequefigues,
Pluviers, Sarcelles, Vanneaux rôtis.*

Toutes ces différentes efpeces
de petits oifeaux de chaffe fe préparent à peu près de même pour être
mangés rôtis.

On les plume, on les flambe, on
les vuide & on les farcit, puis on les
couvre tous d'une jolie barde de petit
lard, & on les met à la broche avec
des rôties de pain grillé, fur lefquelles

tombe tout le jus qui découle de ces
petits oiseaux : on les sert ensuite sur
leurs rôties.

Ils sont agréables & sains lorsqu'ils
sont gras,

LIVRE X.

Des Entremets chauds & froids en Gras.

CHAPITRE PREMIER.

Des entremets en général.

ON appelle généralement entre-mets toutes les productions de la cuisine qui, n'étant pas assez substan-tielles & apparentes pour composer des entrées, sont destinées à accom-pagner les pieces de rôti, ou à être placées *entre des mets* plus considéra-bles : c'est là d'où vient l'étymologie de leur nom.

E v

Toutes les graines, racines & plantes potageres, telles que le riz, pois,
feves, haricots, lentilles, &c. les
cardons d'Espagne, salsifis, asperges, artichauts, choux-fleurs, céleri,
navets, chicorées, &c. sont de ce
genre; beaucoup de pieces de pâtisserie & de l'office, telles que pâtés
froids, tourtes au sucre, gâteaux su-
crés & pâtés de poissons, nogas, beignets & rissoles au sucre, sont encore servis en entremets; enfin, un
grand nombre de petits ragoûts délicats & fins, se présentent encore
comme entremets sur les bonnes tables, tels que des huîtres au gratin,
& en ragoût, des écrevisses, des foies
de raie & d'autres poissons, langues
de carpes, anchois farcis ou frits, les
blanc-mangers, les crêmes au café,
aux amandes ou au chocolat; les omelettes au sucre, au riz ou à la glace;
les œufs au jus, & beaucoup d'autres

productions de ce genre, qui ne ſervent qu'à accompagner les pieces de rôt.

Nous décrirons dans ce dixieme livre tous les entremets gras ; & comme on les entremêle ordinairement avec les entremets maigres , on aura recours au quinzieme Livre de cet ouvrage , & on trouvera dans la Cuiſine en maigre, les entremets connus les plus ſalutaires & les plus eſtimés.

CHAPITRE II.

Entremets Gras, composés de Graines potageres.

Petits Pois.

IL faut donner la préférence aux petits pois anglois, venus dans des quarrés de bonne terre, qui ne soit pas trop fumée : pour les manger délicats, on les cueillera de moyenne grosseur, & on les écossera & préparera le même jour qu'ils auront été cueillis : on les lave, on les fait égoutter & revenir en casserole avec du petit lard & un bouquet de fines herbes; coupez le lard en petits dés, laissez-le blanchir & fondre pendant une demi-heure en casserole sur un petit feu, puis jettez-y vos pois , & les y retournez souvent en les faisant sauter par la queue de la casserole ; lorsqu'ils seront aux trois quarts cuits , mouillez-les avec du jus de veau , ou bien nourrissez-les avec de bon bouillon consommé ; achevez de les faire cuire , & les garnissez tout autour du plat, avec de petits croûtons frits à l'huile.

Pois secs.

Toutes les especes de pois secs ; tels que ceux d'Orléans, de Paris , les pois chiches de la Provence , &c. doivent d'abord bouillir environ une heure dans l'eau , pour s'attendrir & revenir verds ; faites-les égoutter & les mettez ensuite au gras en casserole , en les mouillant & nourrissant d'un bon jus ou blond de veau : on y ajoute ordinairement deux jaunes d'œufs ; cela les rend plus moëlleux & plus délicats.

Ils font plus pefans que les pois verds, & donnent des vents.

Ils font excellens & plus falutaires lorfqu'on les emploie en purée, foit comme garniture de foupe, ou pour accompagner du petit falé.

Petites Feves.

Choififfez les plus fraîches & les plus petites ; faites-les blanchir & cuire aux deux tiers ; égouttez-les & les achevez en cafferole, avec beurre, perfil haché, fel, poivre, farriette ; paffez-les fur le feu, puis les nourriffez avec du jus de veau ou d'excellent bouillon ; lorfqu'elles auront pris confiftance, donnez-leur plus de moëlleux, en y incorporant une liaifon de deux ou trois jaunes d'œufs battus dans un peu de crême douce.

Elles font faines & délicates ; mais je penfe qu'elles auroient plus de fineffe, de faveur & de légéreté, fi avant de les mettre en cafferole, on les dépouilloit de leur premiere écorce : elles exigeroient alors moins de cuiffon, elles confommeroient moins de jus ou de bouillon, & feroient certainement moins venteufes.

Haricots verds en Grains.

Epluchez-les comme des petits pois, & les faites cuire une demi-heure dans de bon bouillon ; quand ils auront bu leur bouillon, nourrif-fez-les avec du jus, ou du confommé, ou du blond de veau ; finiffez-les avec une liaifon de jaunes d'œufs délayés dans de la crême avec un filet de ver-jus : laiffez-en réduire la fauce.

C'eft la maniere la plus faine de les manger.

Haricots à l'Italienne.

Faites-les cuire dans du bouillon ; puis les mettez en casserole avec de bon jus de veau ou de volaille ; ajoutez-y un peu de beurre, des morilles & capres hachés ensemble, & un filet de vinaigre : ils feront sains & délicieux.

Haricots en Allumettes.

Il faut faire blanchir des graines d'haricots secs, puis les enfiler par douzaine à une petite brochette de bois, les faire tremper dans une pâte fine, composée de fleur de farine & jaunes d'œufs délayés avec un jus de citron, puis vous les ferez frire à la poële dans de l'huile ou de la graisse blanche ; avant de les servir, vous tirerez vos brochettes très-doucement, &

vos haricots resteront comme des allumettes.

Ils sont lourds & indigestes.

Riz glacé, Bouillon de Perdrix.

Epluchez & lavez du beau riz de
Piémont , laissez - le tremper une
heure dans de l'eau bien chaude ;
égouttez-le & le mettez dans une mar-
mitte cuire à petit feu , avec une
vieille perdrix bien nourrie en chair ;
ajoutez-y deux écrevisses , & laissez-
le crever & se nourrir pendant deux
ou trois heures dans le bouillon de
perdrix ; lorsqu'il y aura pris goût &
bonne consistance , dressez - le sur le
plat où il doit se servir ; & versez au-
dessus du jus de veau ou de perdrix
réduit au caramel , de sorte qu'il en
soit par-tout glacé comme une crême
au chocolat.

Il y a des Cuisiniers qui y font paffer deſſus la pelle rouge ; mais il eſt plus moëlleux & plus ſain en le mettant un quart-d'heure au four.

Riz au Bouillon, &c.

Epluchez-le & le lavez dans pluſieurs eaux tiedes ; laiſſez-le tremper un quart-d'heure dans de l'eau bien chaude ; égouttez - le & le jettez dans d'excellent bouillon qui ſoit bouillant ; laiſſez-le s'y crever & ſe nourrir ; l'eſpace d'une heure ſuffira pour le rendre excellent, pourvu que le bouillon frémiſſe lentement.

C'eſt une erreur de croire qu'il faille que le riz cuiſe quatre ou cinq heures pour qu'il ſoit bon ; il eſt certain qu'une heure de bouillonnement lui ſuffit pour le rendre moëlleux & leger, lorſqu'il a été préparé, lavé dans pluſieurs eaux chaudes, & bien frotté entre les deux mains pour lui ouvrir les pores.

J'ai toujours éprouvé avec fuccès que c'étoit la maniere la plus faine & la plus reftaurante de préparer le riz au gras ; il fe digere beaucoup mieux, nourrit davantage , & eft infiniment plus favoureux au goût.

On peut auffi faire cuire le riz dans des bouillons de faifans , de levrants, de lapins , & de toutes fortes de gibiers ou de volailles , tels que vieilles poules , coqs - vierges , chapons au riz , &c. ces fortes de riz, lorfqu'ils font glacés avec des jus au caramel , fe fervent en entremets fur beaucoup de tables.

Riz à la Moëlle de Bœuf.

On prépare à Venife une efpece de riz cuit dans du bouillon , & mélangé avec de la moëlle de bœuf, des amandes pilées & du fucre ; le tout cuit enfemble à petit feu , doit être arrofé

de deux cuillerées d'eau de fleur
d'orange ; & lorfqu'il aura pris une
bonne confiftance , on le verfera dans
un plat , & on le glacera fi l'on veut
avec du fucre en poudre & une pelle
rouge.

Cet appareil entre fouvent dans
la compofition des tourtes à la franchipane : il eft délicat , fubftantiel &
très-fain , pourvu qu'on en mange
avec fobriété.

Le riz à la moëlle peut fe manger
chaud ou froid en entremets.

Riz aux Lentilles.

Dans les meilleures cuifines du
Languedoc & de la Provence , on
marie fouvent plufieurs efpeces de
productions enfemble ; de ce genre
eft auffi le riz au gras mêlé avec des
lentilles.

Pour y parvenir, on fait un bon
riz au bouillon ou à la moëlle de

bœuf , puis on y paſſe dedans une
purée de lentilles bien cuites dans du
bouillon, & on en mélange plus ou
moins , ſuivant le goût des maîtres :
c'eſt un excellent manger.

On le glace comme les autres farineux , pour le ſervir comme entremets.

Haricots verds en Coſſe.

Faites-les cuire d'abord dans de
l'eau bouillante pour les blanchir ,
puis égouttez cette premiere eau , &
la remplacez avec du jus de veau ou
du bon bouillon pour achever d'y
cuire & prendre bon goût ; égouttez-
les, reſſuyez-les dans une ſerviette ,
& les dreſſez dans le plat, ſans autre
aſſaiſonnement qu'un peu de beurre
fondu avec du jus.

Entremets ſain & délicat : ſans
beurre , on le mange froid ; avec du
beurre , il doit être ſervi chaud.

━━━━━━━━━━━━━━━━━━━━━━━━━━━━━━━━

CHAPITRE III.

Entremets composés de Légumes Potagers.

───────────

Choux Broccolis.

FAITES blanchir & cuire vos broc-
colis dans une eau bouillante , obfervant qu'ils ne foient pas cuits entiérement ; égouttez-les & les mettez en
cafferole avec un demi-verre de bouillon & un grand verre de blond de
veau ; laiffez frémir un quart-d'heure
en les arrofant bien de leur fauce , &
les fervez dans un plat chaud.

Excellent & fain.

Céleri en friture.

Epluchez - le foigneufement , & le

faites blanchir à l'eau bouillante, puis
le faites cuire aux trois quarts dans
une marmite, avec un peu de bouillon dans le fond, afin que la vapeur
du bouillonnement le pénetre & le
cuise parfaitement.

Mettez-le ensuite en casserole, &
l'y faites mariner avec un peu de bouillon, sel & vinaigre pendant une demi-
heure ; essuyez-le dans une serviette ;
trempez-le dans une pâte fine, &
le faites frire d'un beau blond dans
de la graisse blanche.

C'est une friture légere & agréable.

Raves au Bouillon.

Choisissez des raves nouvelles &
tendres, épluchez-les bien & les faites blanchir ; si elles sont grosses,
coupez-les en deux ou en quatre, &
les faites cuire dans du bouillon avec
une barde de lard,

Egouttez-les & les mettez en cafferole avec du confommé ou du jus de
veau , avec un morceau de beurre manié d'un peu de fleur de farine ; laiffez-les bien mitonner dans le jus , &
lorfqu'elles auront pris goût , une
belle couleur brune , & que la fauce
fera d'une bonne confiftance , vous
les fervirez chaudes.

C'eft un entremets fain & affez
généralement eftimé : il eft excellent
pour les poitrines foibles.

Ravioles en Friture.

Il faut fuivre exactement le même
procédé que pour le céleri en friture ,
décrit ci-devant : on les glace ordinai-
nairement en les poudrant de fucre en
poudre, & en les touchant avec une
pelle rouge : elles en font plus faciles
à digérer.

Raves

Raves au Blond.

Cuisez-les & égouttez-les comme pour les mettre au bouillon , puis jetez-les en casserole avec du blond de veau de santé, & les y laissez mitonner une demi-heure ; ajoutez-y un soupçon de muscade & un filet de verjus ; tournez la sauce pour lui faire prendre bonne consistance , & lorsqu'elles auront pris goût & une jolie couleur, vous les dresserez sur le plat où on doit les servir ; couvrez-les de chapelure de pain pilée , & les exposez cinq minutes au four pour y prendre une belle couleur dorée.

Charmant entremets.

Chicorées & Laitues au Jus.

Les chicorées & les laitues se préparent exactement de la même manière que le céleri & les raves au jus

ou au bouillon : on aura feulement
foin de les bien dégraiffer avant de
les fervir.

Cardes au gras.

On les fait blanchir & cuire comme
le céleri ; pour les manger blanches ,
il faut les faire bouillir à gros bouillons dans l'eau , avec un peu de fel
& un morceau de beurre ; égouttez-les
& les mettez en cafferole avec beurre
manié de farine , fel , poivre , mufcade & du jus ou du blond de veau ;
ajoutez-y fur la fin un filet de verjus
ou de vinaigre blanc ; tournez la fauce,
laiffez-lui prendre confiftance , &
fervez-les dans un plat chaud.

Cardes à la Vénitienne.

Préparez - les au gras comme ci-
deffus , dreffez-les dans un plat , &
les faupoudrez avec de la mie de pain

émiettée & mélangée avec du fromage de Parme rapé très-fin ; expofez le plat dix minutes au four , & fervez chaud.

Toutes les différentes manieres de préparer les chicorées, laitues & cardes , font faines & reftaurantes ; elles réuniffent l'agrément d'offrir plufieurs efpeces d'entremets délicats & fucculens.

Epinards au Reftaurant.

Faites-les blanchir deux minutes & cuire dans une marmite étouffée , avec un verre d'eau dans le fond ; fermez-la bien , & mettez du feu deffous pour qu'ils fe cuifent à la feule vapeur de l'eau bouillante dans une marmite à légumes.

Etant cuits , effuyez-les légerement entre deux ferviettes, & les hachez très-menu; faites-les mijotter avec d'ex-

cellent consommé pendant une demi-
heure, & les servez chaud : on peut
à son gré y mêler du jus de veau ou
de volaille, &c.

Ceux qui n'ont point de marmite
à vapeur, les feront bouillir dans
l'eau, & les mettront hachés en cafferole pour les finir au jus ou au
bouillon.

Asperges au Jus.

Faites-les cuire dans une marmite
aux légumes au bain des vapeurs ;
dressez-les sur un plat, & en arrosez
les extrémités avec du blond de veau
de santé, dans lequel vous aurez
laissé fondre un peu de beurre manié
de fleur de farine.

Il est étonnant combien les asperges, les cardes, les artichauts & autres légumes cuits au bain des vapeurs, sont supérieurs en goût & en

délicateſſe à tous ceux qui ayant bouilli dans l'eau, y ont perdu la plus grande partie de leur ſaveur & de leurs ſucs. L'avantage précieux de manger toute l'année d'excellens légumes bien frais & bien nourriſſans, devroit décider toutes les familles à ſe pourvoir d'une marmite de ce genre : j'en ai donné les détails & les dimenſions dans le premier volume de cet ouvrage ; elle réunit encore un grand nombre d'autres utilités agréables.

Ceux qui n'en ont pas , ſont réduits à faire bouillir les aſperges dans l'eau bouillante d'un chaudron découvert , qui fait perdre en exhalaiſons , ou dépoſer dans l'eau les ſucs les plus délicats & les plus ſubſtantiels de tous les légumes.

On ſait que l'aſperge eſt un légume très-ſain & très-eſtimé ſur les meilleures tables.

Il y a des Cuiſiniers qui font cuire

les afperges dans du bouillon avant de les nourrir de jus : mais le bouillon n'eft pas capable de rendre aux af-perges la faveur qu'elles y ont perdue en bouillant.

C'eft un charmant entremets chaud.

Petits Pois d'Afperges , &c.

Choififfez de petites afperges & les coupez menues comme des petits pois ; faites-les blanchir un inftant ; égoutter & revenir en caffetole avec du beurre frais , bouillon ou con-fommé ; lorfqu'elles auront bien cuit & feront tendres , ajoutez-y un petit morceau de fucre , & achevez-les en les liant avec deux jaunes d'œufs dé-layés dans de la crême douce.

C'eft une excellente maniere de manger les afperges : on croit fouvent manger des petits pois. Les crêtes ou fommités du houblon fe préparent

avec fuccès, de la même maniere en
entremets chaud.

Artichauts à la Provençale.

Prenez cinq ou fix artichauts qui
ne foient pas vieux , ôtez - en les
feuilles les plus groffieres , & coupez-
en toutes les pointes ; faites-les blanchir en eau bouillante , jufqu'à ce que
vous puiffiez en ôter le foin ; remplacez le foin d'une farce fine & légere ,
compofée de petit lard pilé avec du cochon ou des blancs de volaille ou gibier ; remettez le cœur en place, & les
arrangez au fond d'une cafferole avec
quelques bardes de lard , perfil &
quelques morilles hachées , fel , poivre & deux cuillerées d'huile d'olive ;
laiffez vos artichauts cuire & bouillir
en cafferole jufqu'à ce qu'ils foient
bien cuits , & que le deffous des
feuilles en foit croquant & riffolé,

& les servez arrosés de jus de veau ou de blond de santé.

Entremets délicieux & sain.

Artichauts à la Berigoule.

Nétoyez & faites blanchir vos artichauts à l'eau bouillante, ôtez-en le foin & le remplacez avec l'appareil suivant :

Hachez ensemble du persil, des morilles, capres & anchois, avec sel, poivre, & une bonne mie de pain émiettée ; arrosez le tout avec un peu d'huile d'olive, & en remplissez le cœur de vos artichauts ; recouvrez-les des petites feuilles que vous avez enlevées en clocher, & les arrosez bien d'huile d'olive ; mettez-les dans une tourtiere avec quelques bardes de lard dans le fond, & la recouvrez de son couvercle ; mettez feu dessous & feu dessus, & les faites cuire jus-

qu'à ce que le deſſous en ſoit riſſolé &
croquant; ſervez-les avec l'huile dans
laquelle ils auront rôti.

C'eſt une maniere des plus agréables de les manger; mais elle eſt âcre
& échauffante.

Artichauts à la Vénitienne.

Préparez - les comme les précédens, & les farciſſez de même, puis
enveloppez chacun d'une bonne barde
de lard, & les placez dans une tourtiere pour les faire cuire au four de
ſanté; en les ſortant, arroſez-les d'un
jus de citron.

Ils ſont moins malfaiſans qu'à la
berigoule, & plus apparens.

Artichauts au Bouillon.

Choiſiſſez de petits artichauts, nétoyez-les & les faites blanchir cinq
minutes; placez-les en caſſerole avec

F 3

deux cuillerées de bon bouillon, de
forte que vos artichauts y trempent à
moitié ; recouvrez - les & les faites
cuire à petit feu ; ajoutez - y sel ;
poivre , persil blanchi & un jus de
citron ; laissez prendre goût une demi-
heure ; dressez vos artichauts, & versez la sauce dessus.

Ils sont sains & délicats.

Artichauts farcis.

Préparez-les comme ci-devant, &
les farcissez avec petit lard, tranche
de veau, truffes & ris de veau hachés
ensemble avec sel, poivre, &c. recouvrez-les de leurs petites feuilles ,
& les faites cuire en casserole dans du
blond de veau ou du bouillon , avec
un morceau de beurre manié de fleur
de farine ; laissez réduire la sauce. &
es servez très-chauds.

Ils font agréables , apparens & salutaires.

Artichauts en Caiſſon.

Prenez de jeunes artichauts, nétoyez-les & les faites blanchir ; ôtez-
en toutes les feuilles & en ſéparez
les culs.

Compoſez enſuite un ſalpicon ou
petite farce faite avec chair de ſauciſſe & petit lard pilés enſemble ;
mettez-en ſur chaque cul d'artichaut,
& la recouvrez d'un autre ; trempez-les
dans une pâte fine ou des œufs battus ;
panez-les & les faites frire de belle
couleur dorée dans de la graiſſe
blanche.

On les ſert ordinairement ſur un
lit de perſil frit.

C'eſt un charmant entremets qui
ſurprend agréablement les convives.

Artichauts Blondins.

Faites-les blanchir & cuire dans du

E vj

bouillon à demi feulement ; puis mettez-lés en cafferole, foncée d'une tranche de veau & d'un peu de petit lard ; mouillez-les avec du bouillon ; & les laiffez achever de s'y cuire.

Lorfqu'ils feront tendres & bien nourris, verfez-y, pour les finir, une liaifon de trois jaunes d'œufs délayés dans de la crême avec un peu de perfil haché menu dedans ; formez-en une belle liaifon dorée ; ne la faites plus rebouillir, crainte qu'elle ne tourne ; & fervez chaud.

C'eft un entremets délicieux & fain.

Artichauts à l'Italienne.

Faites une fauce avec du blond de veau, en la mélangeant avec du beurre manié de farine ; mettez au fond d'un plat de la mie de pain émiettée, arrofez-la de votre fauce ;

& la faupoudrez avec du fromage de Parme rapé très-fin ; placez vos artichauts blanchis fur cet appareil ; arofez-les du refte de la même fauce, & faupoudrez-les par-tout de parmefan rapé & mélangé avec de la mie de pain ; placez-les au four, & les y laiffez prendre une belle couleur dorée ; fervez-les enfuite bien chauds, avec leur fauce ou le gratin qui fe trouvera au fond du plat.

C'eft un excellent manger, mais un peu lourd & indigefte.

Cet entremets ne convient qu'à de bons eftomacs.

Artichauts à la Sainte-Menehoult.

Faites-les blanchir & cuire dans du bouillon, avec perfil, ciboules, morilles, fel & poivre; lorfqu'ils feront cuits d'un beau blanc, rangez des bardes de lard dans une tourtiere,

mettez vos artichauts deſſus ; après
que vous les aurez farcis avec des
jaunes d'œufs & de la mie de pain
mêlée avec de la chair de ſauciſſe ;
lorſqu'ils auront pris un bon ſuc ,
panez-les & les faites cuire au four
bien dorés.

On les ſert avec ſauce ou ſans
ſauce.

C'eſt un entremets agréable & apparent.

Artichauts glacés.

Faites-les cuire d'un beau blanc ;
reſſuyez-les & les placez dans une
caſſerole , avec des oignons coupés
par tranches, veau , maigre de jambon & un peu de lard ; laiſſez-les
ſuer à petit feu juſqu'à ce qu'ils commencent à s'y former en gratin ; mouillez-les avec de bon bouillon , dans
lequel on aura fait bouillir un jarret

de veau; & quand ils seront assez cuits, passez le jus dans une serviette, laissez-le refroidir, & quand il sera en glace, glacez-en vos artichauts.

Entremets froid, succulent, délicat & parfaitement sain.

CHAPITRE IV.

Entremets de Choux-fleurs, Concombres, &c. gras.

Choux-fleurs au Jus.

Epluchez-les & les jettez dans de l'eau froide pour qu'ils ne noircissent pas; faites les blanchir un bouillon avec une tranche de petit lard, beurre & sel; étant cuits à demi, mettez-les

en casserole avec du consommé & un
peu de blond ou de jus de veau ;
laissez réduire la sauce, & servez chaudement sans les rompre.

Entremets chaud, délicat & sain.

Choux-fleurs à la Génoise.

Préparez-les & les faites cuire
comme ci-dessus ; dans le tems qu'ils
sont à bouillir, faites fondre en casserole du beurre manié de fleur de
farine, avec sel, poivre & muscade ;
ajoutez-y du jus de veau bien succulent, & tournez la sauce jusqu'à ce
qu'elle soit bien liée ; placez-y vos
choux-fleurs, après les avoir égouttés ;
& lorsqu'ils auront mijotté un quart-
d'heure, dressez-les sur un plat au
fond duquel ous aurez rapé du fromage de Parme ; pane vos choux-
fleurs avec de la mie de pain mêlée
de fromage rapé ; mettez le plat cinq

minutes au four pour leur faire prendre une couleur dorée , & fervez
chaudement.

Entremets eftimé des amateurs de
fromage, mais un peu pefant.

Concombres & Melons au gras.

Pelez & épluchez vos concombres
ou vos melons, féparez-en toutes
les graines, & les coupez par lan-
guettes de la groffeur du doigt ; jetez-
les à mefure dans de l'eau froide ,
puis les faites mariner un inftant dans
un verre de bouillon chaud , mêlé
d'un verre de vinaigre ; faites-les
égoutter & les trempez dans une pâte
fine , & les faites frire dans de la
graiffe blanche: en les fortant de la
poële glacez-les de fucre en poudre.

Entremets chaud , agréable & léger.

Salsifis au Jus.

On les prépare & les accommode exactement comme les choux-fleurs au jus, soit dans du consommé, du jus de volaille ou du blond de veau.

C'est un légume délicat & sain, qui fournit quantité d'entremets agréables en maigre & en gras.

On les fait frire aussi dans de la graisse blanche, & on les saupoudre de sel blanc.

Les Pommes de Terre.

On les fait d'abord bouillir une demi-heure dans de l'eau, on les pele & on les fait revenir en casserole avec du jus de veau ou d'excellent consommé, pour les servir lorsqu'elles seront bien nourries : on peut y ajouter, pour les relever, une tranche de jambon découpée en petits dés, ou

des reftes de volailles ; riffolés &
coupés par petits filets.

Enfin, on les fait frire dans du jus
ou de la graiffe blanche.

Ce font des entremets très-fains ;
mais un peu lourds pour bien des
gens.

CHAPITRE V.

Entremets de Truffes, Mousserons,
Morilles, &c.

Truffes à la Périgueux.

LAVEZ & nétoyez bien de belles
truffes ; faites-les cuire dans une bouteille de vin de Champagne, avec
du fel, puis revenir en cafferolle avec
du jus ou du blond de veau, jufqu'à

ce que la sauce les ait pénétrées, &
servez-les.

Elles sont chaudes & appétissantes.

Tourte de Truffes.

Nétoyez de jolies truffes de moyenne
grosseur ; composez une pâte brisée en
gras. (*Voyez le Volume de la Pâtisserie
de Santé*). Foncez-en le dedans avec
deux tranches de veau ou de petit
lard, placez-y vos truffes, & les recouvrez d'une barde ; fermez votre
tourte, & la laissez cuire environ une
heure au four modéré.

Entremets chaud, très - délicat ;
mais pesant.

Truffes à la Provençale.

Nétoyez-les, après les avoir fait
cuire sous la cendre ; coupez-les par
tranches, & les mettez en casserole
avec un peu d'huile, sel, poivre,

perfil & deux goufles d'ail ; laiffez-
les s'y mariner une heure fur des cendres chaudes ; égouttez-les & les rangez fur un plat.

Pour fauce, faites fondre dans de
bon bouillon un morceau de beurre
manié de farine ; ajoutez-y un demi-
verre de vin blanc, & faites bouillir
pendant une demi-heure ; dégraiffez-
la & la verfez bouillante fur vos
Truffes.

Entremets chaud, agréable & reftaurant.

Truffes au Jus.

Epluchez-les, faites-les cûire dans
du bouillon avec moitié vin blanc ;
effuyez-les & les achevez dans du jus
de veau, de bœuf ou de volaille ;
faites bouillir enfemble un quart-
d'heure, & fervez-les dans un plat
bien chaud.

C'eſt la maniere la plus ſaine & la plus ſucculente de les manger.

Mouſſerons au gras.

Les mouſſerons ſont de petits cham-pignons qu'on fait ſecher pour les con-ſerver toute l'année ; ils ſont plus dé-licats & moins dangereux que les champignons , en ce que ceux qui ont ſéché ſans ſe pourrir , ne ſont jamais de mal comme vénéneux , & ne peu-vent incommoder qu'autant qu'on en mangeroit avec excès.

Pour les préparer au jus, il faut les faire revenir dans de l'eau bouillante ; les nétoyer & faire égoutter ; paſſez-les en caſſerole dans du beurre excel-lent, avec perſil , ſel , poivre & muſ-cade ; mouillez-les de conſommé , d'une cuillerée d'huile d'olive & d'un demi-verre de vin ; ajoutez-y du jus que vous aurez le plus à votre diſpofixion , & laissez-les mijotter à petit feu pendant une demi-heure ; dégraissez , & garnissez tout le tour du plat avec des croûtons grillés & frits dans de l'huile bouillante. Versez-y vos mousserons , & les arrosez de leur sauce : on peut y exprimer le jus d'un citron si elle est trop épaisse.

Ils sont délicats & très-faciles à digérer, accommodés de la sorte.

Mousserons au Blond.

Lavez-les , égouttez-les , & leur faites rendre toute leur humidité en les pressant entre deux serviettes ; mettez-les en casserole avec beurre , sel & blond de veau ; laissez-les mijotter & servez-les chaudement.

Ils sont délicieux.

Morilles au Jus.

Coupez les grosses en quatre & les

petites en deux ; laissez-les tremper une heure dans de l'eau tiede pour les dépouiller de leur sable & autres parties étrangeres ; égouttez-les & les mettez en cafferole avec huile, sel & poivre ; laiflez-les bouillir ainfi une demi-heure , puis vous y ajouterez du jus de veau & un peu de vin blanc ; faites mijotter le tout jufqu'à parfaite cuiffon , & y exprimez un jus de citron fi la fauce eft trop épaiffe : il vaut mieux , au refte , qu'elle ait un peu de confiftance , car une fauce trop claire n'a ordinairement ni goût , ni apparence , ni faveur.

Elles font des plats d'entremets délicats & paffablement fains.

Morilles farcies.

Choififfez les plus groffes & les plus rondes ; faites-leur un trou du côté

côté du deſſous, & les lavez en eau
tiede juſqu'à ce qu'elles ſoient bien
dégorgées ; égouttez-les & les reſſuyez entre deux ſerviettes ; rempliſſez-les d'une petite farce fine, &
les faites cuire dans une caſſerole
foncée de tranches de veau & d'une
tranche de petit-lard ; ajoutez-y ſur
la fin du jus ou du blond de veau, &
les ſervez bouillantes.

Morilles en Ragoût.

Elles ſe préparent de même, excepté qu'on ne les farcit point.

Morilles en Tourte.

Préparez-les comme pour les mettre au jus, & lorſqu'elles ſeront accommodées, vous en garnirez l'intérieur d'une petite tourte de pâte
briſée, foncée de bardes de lard ;
fermez-la & la fai tes cuire au four

ou dans une tourtiere, en y laiffant un petit trou fur le milieu pour l'éva-poration des fumées.

Ce font de charmans entremets, qui ne font capables d'incommoder que par leur excès.

CHAPITRE VI.

Entremets compofés de Beignets &
Rôties.

Beignets Blondins.

PRENEZ deux poignées de fleur de farine, délayez-la avec trois ou qua-tre œufs frais, une cuillerée de crême & une bonne pincée de fel; tenez-la d'une confiftance épaiffe, mais un peu coulante.

Graiffez une feuille de papier avec du faindoux de l'année, & dreffez-y vos beignets de la groffeur d'une noix ou d'un œuf de pigeon ; faites fondre à la poële ou dans un poëlon de la graiffe blanche, & lorfqu'elle fera bouillante, jettez-y peu à peu vos petits beignets, en les retournant fouvent avec l'écumoire pour qu'ils fe cuifent également par-tout ; lorfqu'ils feront d'un jaune doré, & bien gonflés, fortez-les avec l'écumoire & les dreffez dans le plat où ils doivent être fervis : faupoudrez-les de fel ou de fucre.

Ils font légers & fains.

Beignets à la Moëlle.

Prenez plufieurs morceaux de moëlle de bœuf ; faites-la cuire dans un verre de bon bouillon jufqu'à ce qu'elle ait pris confiftance ; verfez-la dans des

foucoupes pour en former des pla-
teaux de l'épaiffeur d'un écu de fix
francs ; étant coagulée , renverfez les
foucoupes , & trempez- vos plaques
de moëlle dans une pâte à friture, ou
bien dans une pâte compofée de fromage à la crême pilé dans un mortier avec un peu de lait , deux poignées de farine & un œuf frais ; trempez-y vos morceaux de moëlle , & les
faites frire , foit dans de l'huile d'olive
ou dans de la graiffe blanche , ou au
beurre , fuivant le goût des convives.

Les beignets à la moëlle font difficiles à réuffir , parce que le gras de
la moëlle empêche fouvent la pâte
de fe cuire parfaitement : il faut,
pour y parvenir , que la graiffe ou
l'huile de la poële foient bien bouillantes quand on les y met , & que
la pâte qui enveloppe la moëlle foit
un peu ferme.

Beignets de Veau , &c.

Les reſtes d'une piece de veau
tendre , peuvent ſe couper par tranches de moyenne groſſeur , & faire
des beignets excellens : il ne faut
que les tremper dans une pâte compoſée de fleur de farine délayée avec
du bouillon & des œufs ; tenez-la un
peu conſiſtante ; trempez-y vos tranches de veau, & les faites frire d'un
beau blond dans de l'huile d'olive
bouillante dans un poëlon.

Les reſtes d'un aloyau , d'une piece
de mouton ou d'un quartier d'agneau
rôtis , peuvent être émincés & ſervis
de la même maniere comme entremets chauds : il faut avoir le ſoin de
le poudrer de ſel ou de ſucre en ſortant du poëlon ; cela les glace & leur
donne une ſaveur plus délicate & plus
ſaine.

Beignets de Porc.

Les pieds de cochon bouillis ou grillés, font excellens en beignets : on les prépare de la même maniere que les tranches ou beignets de veau ; il faut toujours les frire dans de l'huile d'olive pour les rendre moins pefans & plus favoureux ; la friture en fera plus légere & d'une couleur plus dorée & plus apparente.

On prépare de même des tranches de jambon, après les avoir fait bouillir deux heures en cafferole.

Enfin, le porc frais, coupé par tranches, fe fert encore en beignets ; mais il eft d'une pefanteur fi forte à l'eftomac, qu'il eft à defirer qu'on ne l'emploie jamais de la forte.

Beignets de Perdreaux, Lapins, &c.

Toutes les diffeétions du perdreau,

du lapin , lapereau , levraut & autre menu gibier , lorfqu'ils ont été rôtis , peuvent fe couper par filets , fe trem- per dans une pâte fine , & fe frire dans l'huile d'olive ou graiffe blan- che , pour fe fervir en beignets comme entremets chauds : ils font très-déli- cats lorfqu'ils font bien cuits à point ; on les faupoudre de fel pilé & mé- langé avec un peu de fines épices en fortant de la poële.

Rôties à la Moëlle.

Dépouillez un quarteron d'amandes douces , en les faifant tremper un inftant dans de l'eau bouillante ; pi- lez-les , en les arrofant de tems en tems avec de l'eau de fleur d'orange , de peur qu'elles ne tournent en huile ; mélangez y une poignée de fleur de farine , & délayez le tout avec une goutte d'eau tiede & trois jaunes

d'œufs ; formez-en des petites abbaiſ-
ſes grandes comme une petite ſou-
coupe, avec de petits rebords ; faites-
les cuire au four doux ; ſortez-les &
les rempliſſez d'une crême faite à la
moelle de bœuf, écorce de citron, &c.
de l'épaiſſeur ſeulement d'un écu de
ſix francs ; recouvrez la crême d'une
cuillerée de blanc d'œuf fouetté en
neige ; ſaupoudrez-les avec du ſucre
rapé ; glacez-les & ſervez-les chaudement : il faut qu'elles ſoient bien
dorées au-déhors, & bien glacées au-
deſſus.

On les ſaupoudre aſſez ſouvent
avec des petits grains de ſucre colo-
riés, pour leur donner une plus jolie
apparence : mais tous ces ſucres ſont
ſi corrompus, & les couleurs qu'on y
emploie la plupart ſi dangereuſes, que
je ne ſaurois en conſeiller l'uſage.

Rôties au Salpicon.

Compofez un falpicon avec des ris de veau, des morilles, culs d'artichauts & une tranche de petit lard, le tout coupé en dez; mettez-le revenir en cafferole; & mouillez avec de bon jus de veau ou de volaille; liez de quatre jaunes d'œufs, & faites que la fauce foit courte; faites rôtir des tranches de pain qui foient minces & coupées d'une égale épaiffeur; garniffez-en le dedans avec votre falpicon; battez des blancs d'œufs, & trempez dedans vos rôties, ou plutôt avec une cuiller, verfez-en fur vos rôties de tous les côtés; faites-les frire enfuite dans un pöélon avec de la graiffe blanche bouillante; & lorfqu'elles feront d'un beau blond doré, dreffez-les dans un plat au fond duquel vous mettrez ou du bond de

G v

veau , ou du jus de mouton , ou telle autre fauce qu'il vous plaira.

Ces fortes de rôties , qui peuvent fe varier à l'infini , donnent quantité d'entremets excellens & paffablement fains.

Rôties à la Grenade.

Coupez en petits dés un morceau de petit lard entre-mêlé de maigre ; faites-le refaire en cafferole avec perfil , ciboules , échalotes , fel , poivre & trois jaunes d'œufs ; maniez le tout enfemble , & lorfque cela formera un petit falpicon bien nourri , étendez-les uniment fur des rôties de pain , & les faites frire enfuite dans du blond de veau ou du jus de bœuf , &c.

C'eft un entremets agréable & fain.

Rôties au Jambon.

Enlevez proprement toute la croûte d'un pain d'une livre qui soit raf-fis ; coupez-en la mie par tranches fines ; coupez autant de tranches fines de jambon que vous avez de rô-ties ; battez-les avec un rouleau pour les attendrir, & les faites deffaler dans de l'eau tiede pendant deux heu-res ; effuyez-les & les faites fuer en cafferole avec un peu de lard & une tranche de veau, en les arrofant d'un demi-verre de bouillon ; laiffez-les bouillir une demi-heure, & y ajoutez enfuite un peu de blond de veau ; faites frire vos rôtiés de pain dans de la graiffe blanche, & lorfqu'elles fe-ront dorées, fortez-les, dreffez-les fur un plat, & placez fur chaque rôtie une des tranches de jambon cuites ; arrofez-les avec la fauce, & fi elle eft trop épaisse, exprimez y un jus de citron ou un filet de vinaigre.

Rôties de Veau.

Lorſqu'on deſſert un rognon de veau rôti de la table, on peut en faire de charmantes rôties en le hachant menu avec moitié autant de graiſſe qu'il y a de rognon; pilez enſuite dans un mortier ſix macarons aux amandes ameres, un morceau de citron confit, de la moëlle de bœuf, du ſucre & deux ou trois œufs fouettés, le tout bien pilé; mélangez-y vos rognons de veau hachés; maniez le tout enſemble, & garniſſez-en vos rôties.

On les fait cuire au four doux ou dans une tourtiere, & lorſqu'elles ont pris une belle couleur, on les glace & on les ſert bien chaudes.

Entremets délicat & ſalutaire.

Rôties à la Moëlle.

Faites griller des rôties de pain raſ-
ſis ; pilez quelques blancs de volaille
avec fines herbes , jaunes d'œufs &
blond de veau.

Faites cuire un ou deux gros morceaux de moëlle dans du bouillon ;
laiſſez-la refroidir & la coupez par
morceaux ; garniſſez vos rôties d'un
lit de la farce de volaille pilée ; placez-y quelques morceaux de moëlle
qui ne ſe touchent pas ; recouvrez-les
d'un peu de farce ; panez-les ; faites-
leur prendre une belle couleur dorée
au four de campagne , & les ſervez
ſeches.

Entremets excellent & bien nour-
riſſant.

Rôties à l'Italienne.

Pilez de la chair de volaille avec

du fromage de Parme & des raisins de Corinthe; liez-les avec des jaunes d'œufs, & formez-en des allumettes en la roulant sur de la fleur de farine, afin qu'elle ne s'attache pas aux doigts; faites-les frire dans de la graisse blanche, & les servez chaudes, poudrées de sel ou de sucre.

Rissoles.

Faites une pâte ferme avec de la farine, blancs d'œufs, sel pilé & un peu d'eau tiede; faites-la un peu moëlleuse, & la laissez se rasseoir, couverte pendant une demi-heure; étendez-la en abbaisse ou plateau plus ou moins grand; découpez-les en carrés ou en losanges, & les couvrez d'une farce composée de restes de perdrix, moëlle de bœuf & jaunes d'œufs; le tout pilé ensemble dans un mortier, & légérement assaisonné; faites cuire vos risfoles dans de l'eau bouillante ou du bouillon pendant une demi-heure ; dreffez-les fur un plat ; rapez-y du fromage , & leur faites prendre couleur au four doux.

Obfervations.

On fait encore une infinité d'autres rôties ou riffoles de toute efpece avec toutes les combinaifons des farces compofées dont nous avons parlé au livre des garnitures : il fuffit d'en couvrir des rôties de pain frites ou grillées, & de leur faire prendre couleur. On les fert avec fauce ou fans fauce.

CHAPITRE VII.

Pain de Bayonne , Ecreviſſes & Huîtres en Entremets gras.

Pain de Bayonne.

CHOISISSEZ un jambon de belle apparence , & dont la qualité ſoit des plus tendres ; faites-le tremper quinze heures dans de l'eau froide , ou deux jours s'il eſt vieux ; placez-le enſuite dans un chaudron où il entre juſte ; n'y mettez que l'eau néceſſaire pour le faire cuire , attendu que plus il y a de bouillon , plus il perd de ſon jus ; ajoutez-y une pinte de bon vin blanc , & le faites cuire à grand bouillon , ayant ſoin de l'écumer ; lorſqu'il eſt

cuit, laiſſez-le refroidir ; & ôtez-en
les deux os qu'on appelle la noix ;
enlevez-en la couenne ; dégraiſſez-en
une partie, & l'arrondiſſez en forme
ovale, en coupant les chairs qui pourroient déborder ; faites une farce bien
hachée avec toutes les rognures de
chair & des fines herbes ; mêlez-y
une tranche de veau pilée, ou bien
quelques reſtes de gibier ou de volaille.

Votre jambon refroidi, coupez-le
par tranches minces ; ayez une terrine
ou jatte de la forme & grandeur dont
vous voulez faire votre pain de
Bayonne ; étendez-y dans le fond une
abbaiſſe de pâte ferme, puis garniſſez-
la d'un lit de farce, enſuite des tranches de jambon, puis un lit de farce,
puis une ſeconde abbaiſſe de pâte
ferme, de la farce, du jambon & de
la farce ; continuez toujours cette
même diſpoſition, juſqu'à ce que vo-

tre jatte soit pleine, & la terminez
par une derniere abbaisse de pâte,
dont vous lutterez les bordures avec
la grande abbaisse qui a été mise la
premiere au fond de la jatte ; renver-
sez-la sur une grande pelle de Pâtis-
sier, & couvrez votre pain d'un peu
de fleur de farine, comme si c'étoit
un pain à enfourner ; mettez-le cuire
dans un four bien chaud ; laissez-le
cuire une heure & demie ou deux
heures, suivant sa grosseur ; & quand
il sera au point de cuisson, vous le
laisserez refroidir pour le servir en
entremets froid.

C'est un bel entremets, d'un goût
délicat, & d'une superbe apparence ;
& lorsqu'il est bien dessalé, il n'y a
que l'excès qui puisse incommoder.

Bartholos.

Faites cuire à la broche une per-

drix de bon fumet ; défoffez-la entiérement & pilez en les chairs ; faites-
en bouillir les carcaffes dans d'excellent bouillon pendant deux heures ,
& paffez ce jus à l'étamine ; délayez
dans ce jus huit œufs frais ; mêlez-y
votre chair de perdrix pilée ; formez-
en de petites pelottes ovales , rangez-
les fur un plat , & y verfez la fauce
tout autour ; faites-les cuire au bain-
marie , en obfervant qu'ils ne cuifent
pas trop long-tems , ce qui les rendroit moins délicats : fervez-les chaudement.

C'eft un excellent entremets des
plus fains.

Ecreviffes de Bartholo.

C'eft précifément le même appareil
que ci-deffus , qu'on met dans des
moules d'écreviffes de mer pour lui
en donner la forme : on le colore avec

du beurre d'écreviffes , pour lui donner ce rouge incarnat qui imite l'écaille
de l'écreviffe , & on le mange chaud
ou froid.

Entremets délicat & fain.

Ecreviffes à la Calonne.

Prenez de belles écreviffes en vie ;
fendez-les en deux par deffous le ventre ; mettez dans une cafferole du vin
de Champagne , un peu d'huile , un
citron coupé par tranches , fel & poivre ; faites-y bouillir vos écreviffes ,
& les dreffez fur un plat ; jettez dans
la fauce du blond de veau , faites-la réduire , paffez-la au tamis & la verfez
fur vos écreviffes.

Elles feront faines & délicates,

Ecreviffes au Reſtaurant glacé.

Faites bouillir de belles écreviffes
dans de bon bouillon avec deux tran-

ches de veau coupées en dés ; lorfqu'elles feront affez cuites, dreffez-
les fur le plat où elles doivent fe fervir; faites réduire la fauce, en la fortifiant d'un jus de veau ou de volaille,
& lorfqu'elle fera réduite en gelée,
verfez-la fur vos écreviffes pour les
glacer ; expofez le plat dans un lieu
frais, pour que la gelée fe prenne,
& fervez.

Entremets froid, reftaurant & délicieux.

Ecreviffes farcies.

Choififfez les plus belles que vous
pourrez trouver, & les faites cuire &
bouillir dans de l'eau-fel; féparez-en
les pattes, & ne touchez pas à la
queue ; recouvrez - les tout autour
d'une petite farce fine; panez-les avec
de la mie de pain, & les faites frire
à la poële d'un beau blond dans de

la graiffe, puis faites frire du perfil dans le refte de la graiffe blanche, & fervez vos écrevifles fur un lit de perfil.

Ecrevifles à la Royale.

Faites cuire dans de l'eau bouillante de groffes écrevifles avec un peu de fel ; féparez-en les petites pattes, & ne leur laiffez que les pinces & la queue ; vuidez-les entiérement de tout ce qu'elles ont dans le corps, & les rempliffez d'une farce en gras de veau, gibier ou volaille ; frottez-les en dehors avec un blanc d'œuf, & les panez avec de la mie de pain pour leur faire prendre couleur au four doux.

Faites cuire enfuite les petites écrevifles dans de bon bouillon; ajoutez-y un peu de jus de veau & quelques foies gras, pour fervir de fauce & de garniture.

Ce font des entremets chauds excellens.

Huîtres au gras.

Faites blanchir des huîtres fraîches
dans de l'eau bouillante, puis les
égouttez pour les faire cuire dans d'excellent bouillon avec le plus clair de
l'eau de mer que les huîtres auront
répandue ; lorsqu'elles feront au point
de cuiffon convenable, garniffez-en
des coquilles de mer ou des moules
d'argent, & les recouvrez d'une petite farce compofée de morilles & de
foies gras hachés & mêlés avec des
fines herbes ; poudrez-les d'une chapelure de pain, & leur donnez couleur au four ou avec une pelle rouge.

On peut y marier toutes fortes de
farces en gras, & les nourrir avec du
jus de veau ou de mouton ; car il eft
effentiel de ne pas deffécher le fuc des
huîtres.

Huîtres à l'Eau.

Mettez au fond d'un plat un verre de consommé & un demi-verre de l'eau de mer des huîtres passée au tamis ; épluchez des huîtres fraîches, faites-les blanchir & revenir en casserole avec des fines herbes dans de la graisse blanche quasi bouillante, mais qui ne fasse que frémir ; ôtez-les & les servez dans le plat où vous aurez mis le consommé.

Elles sont un peu pesantes & difficiles à digérer de cette maniere.

Huîtres au Blond.

Faites revenir des morilles & du persil dans du beurre fondu ; mouillez-les ensuite d'un verre de vin blanc & d'un verre de jus de veau ou d'excellent consommé ; faites cuire ensemble ; & lorsque la sauce & les morilles

auront

auront pris goût & bonne confiftance ;
mettez-y vos huîtres bien égouttées ;
laiffez-les frémir quatre bouillons , &
les fervez pour entremets chaud en
gras.

Huîtres en Fricaffée.

Faites-les blanchir dans leur eau ;
égouttez-les & les fricaffez dans du
bouillon gras de la même maniere
qu'une fricaffée de poulets; finiffez-
les d'une fauce aux jaunes d'œufs bien
liée.

Huîtres au Verd-pré.

Il faut les préparer comme les
huîtres à l'eau , puis les faire cuire
dans du blond de veau ; lorfqu'elles
auront pris leur degré de cuiffon à petit feu , fervez-les dans un plat , en
les couvrant de telle fauce & garniture qu'il vous plaira.

Tome III,   **H**

Elles font excellentes & restaurantes.

Homards & Crables.

Les *Homards* & les *Crables* font fufceptibles des mêmes apprêts que les
écreviffes; mais on les fert encore dépouillés de leurs coquilles , & décou-
pés par filets dans un jus de veau ou
une garniture de volaille.

Ils offrent quantité d'excellens entremets chauds & froids.

CHAPITRE VIII.

Entremets de Foies, Laitances & Gelées
animales.

Foies de Raies.

FAITES blanchir des foies de raies,
égouttez-les & les faites cuire en cafferole avec du blond de veau ou du
jus de bœuf ; faites-les mitonner une
demi·heure fur le feu à petit bouillon,
& les fervez chauds.

Entremets délicat & fain.

Foies de Raies aux Truffes.

C'eft précifément le même apprêt
que ci-deffus, avec la feule différence
qu'on ajoute des truffes & des fines

herbes dans le blond ou le jus de
bœuf ; il faut les couper par tranches
fines , pour qu'elles aient puls d'apparence & de parfum.

On y ajoute également toutes fortes
de garnitures en gras pour en former
quantité de plats d'entremets délicats
& fains.

Foies de Maquereaux , Merlans , &c.

Les foies de brochets , maquereaux , lottes , merlans , carpes & autres poiſſons d'étangs & de rivieres ,
ſe préparent exactement de la même
maniere en entremets gras.

Laitances au gras.

Prenez de belles laitances de carpes
ou de brochets , & les faites blanchir
deux bouillons ; égouttez-les & les
mettez en caſſerole avec moitié conſommé & moitié vin blanc , une pin-

cée de fel & un foupçon de fines épices; laiffez le tout bouillonner une
demi-heure à petit feu, & vous les
finirez avec des jaunes d'œufs délayés
dans de bon bouillon chaud.

Entremets fain & délicat.

Laitances au Court-bouillon.

Faites-les blanchir & cuire dans
deux verres d'excellent bouillon pendant un quart-d'heure ; ajoutez-y de
bon beurre frais manié d'un peu de
farine ; laiffez prendre corps à la fauce
pendant un quart-d'heure. Servez bien
chaud.

Entremets agréable & reftaurant.

Laitances en Ragoût.

Faites revenir en cafferole des morilles & un bouquet de fines herbes
dans du beurre fondu ou de la graiffe
blanche de l'année ; mouillez-les avec

ùn verre de confommé ou de blond
de veau, & y mettez vos laitances
jufqu'à parfaite cuiffon. Servez chaud.

Entremets fain & délicat.

Laitances au Poulet.

Préparez-les comme ci-deffus, &
les finiffez avec trois jaunes d'œufs
délayés dans du bouillon avec un filet
de vinaigre ; verfez cette liaifon dans
vos laitances, pour les achever comme
des poulets à la fauce blanche.

Délicieufes & falutaires.

Laitances au Velours.

Choififfez de belles laitances de
carpes, de brochets ou de tout autre poiffon, faites-les blanchir en cafferole avec de bon bouillon, un bouquet de fines herbes, fel, poivre &
quelques môufferons fecs ; ajoutez-y
une tranche de jambon coupée par

petits dés ; nourriffez-les avec de bon
potage , un verre de crême douce ou
de bon lait , &c. laiffez-y mijotter
vos laitances un bon quart-d'heure
feulement; fortez-les , faites réduire
votre fauce , & la verfez bouillante
fur vos laitances.

Gelées de Veau.

Prenez un beau jarret de veau ,
donnez-lui quatre ou cinq coups de
hache en divers endroits , pour qu'il
puiffe fe cuire , & rendre plus facilement tout fon jus ; mettez-le cuire
dans une marmite avec quatre pintes
d'eau ; écumez foigneufement , &
laiffez-le bouillir quatre ou cinq heures à petit bouillon : paffez votre gelée au tamis.

Mettez-la en cafferole avec fucre ,
eau de fleur d'orange, zeftes de citron rapés , & quatre ou cinq blancs

d'œufs bien fouettés ; s'il est épais ; ajoutez-y un peu de vin de Champagne ; quand elle aura pris bon goût, passez-la au tamis ou au travers d'une serviette blanche & en remplissez des tasses ou des petits pots : laissez-les prendre.

Entremets froid très-délicat.

Blanc-Manger.

Prenez un bon jarret de veau ; coupez-le en plusieurs endroits, & le faites cuire & bouillir à petit feu dans deux pintes d'eau pendant quatre heures ; passez votre bouillon au tamis, & s'il n'est pas assez fort pour se prendre en gelée tremblante, il faudra le faire réduire en bouillant jusqu'à bonne consistance.

Remettez - le sur le feu avec un quarteron de sucre, une pincée de coriandre, du citron rapé ; pilez un

quarteron d'amandes douces, délayez-les dans de bon lait, verfez-y
enfuite votre gelée, pour lui donner
le goût & le blanc de lait des amandes ; repaffez-la au travers d'une ferviette, & dreffez votre blanc-manger
dans des petits pots ou dans un plat
comme une crême, ou bien encore
dans des petits gâteaux de pâte croquante faits en godets.

C'eft un manger délicat & très-
fain : il fert à compofer nombre de
plats d'entremets froids excellens.

Gelée de Cerf.

La maniere la plus fimple de la
faire, c'eft d'acheter de la corne de
cerf rapée chez les Droguiftes, & de
la faire bouillir fept à huit heures dans
deux pintes d'eau jufqu'à réduction
de moitié ; laiffez-la repofer & la
paffez au travers d'un linge.

Puis vous la mettrez rebouillir
avec sucre , eau de fleur d'orange ,
citron rapé , &c. & la dresserez ensuite dans de petits pots pour la faire
geler.

Entremets froid très-agréable.

Blanc-Manger en Surprise.

Choisissez un joli pain à café cha-
plé, faites-y un trou par-dessous pour
en ôter toute la mie ; couvrez-le en
dehors d'une glace blanche faite avec
du sucre en poudre & de l'eau de
fleur d'orange ; faites-le sécher un instant au four ou à l'étuve, remplissez-
le de blanc-manger, placez-le sur un
plat, & le couvrez de tous côtés d'un
blanc-manger en forme de pyramide
bien gelée.

Entremets froid, apparent, agréable
& léger.

CHAPITRE IX.

Crêmes & Omelettes en entremets gras.

Crême au Blanc de Poulet.

F A I T E S bouillir une pinte de crême
douce, dans laquelle vous aurez mis
du sucre en poudre ; faites bouillir
dans un verre d'eau ou de bouillon
quelques blancs de poulet, & la petite peau qui se trouve dans l'intérieur
du gésier de poulet : il faut que les
blancs & la peau de gésier soient bien
hachés auparavant ; & lorsqu'ils auront bouilli une bonne heure, passez-
en les sucs au travers d'un linge, &
les mélangez à la crême bouillante ;
remettez votre crême sur le feu, cou-

H vj

vrez-la d'un plat de terre, sur lequel vous mettrez de la braise ; elle se prendra bientôt, & vous la mettrez ensuite au frais achever de se former en gelée.

Entremets froid, restaurant, délicat & sain.

Crême au Salep.

Délayez du salep en poudre fine dans une goutte d'eau froide, achevez de le détremper avec du bouillon, ou du consommé tiede ; mêlez-le avec une chopine de bonne crême double ; mettez-la un instant sur le feu, tournez-la sans discontinuer, & dans un quart-d'heure elle sera prise : laissez-la refroidir.

Entremets froid, délicieux & salutaire.

Créme à la Moëlle.

Pilez une once d'amandes douces humectées avec du lait du jour, exprimez-en le fuc, & fervez-vous-en à piler deux onces de moëlle de bœuf & un peu d'écorce de citron.

Détrempez fix jaunes d'œufs avec du lait chaud, & lorfqu'ils feront fondus, délayez-y votre pâte de moëlle de bœuf; mélangez le tout dans une pinte de bon lait, & le paffez au tamis pour en féparer tous les grumeaux.

Mettez-la fur le feu, & la remuez toujours avec une cuiller jufqu'à bonne confiftance ; lorfqu'elle fera prife, verfez-la dans des petits pots ou dans un plat, & la portez en lieu frais.

Elle eft nourriffante, délicate & faine.

Crême au Blanc de Volaille.

Prenez les blancs d'une volaille cuite à la broche , & les pilez avec deux onces d'amandes douces dépouillées de leur peau ; délayez le tout avec d'excellent confommé tiede ; caffez dix jaunes d'œufs dans la même cafferole où font vos blancs de volaille ; battez bien le tout enfemble , & achevez de le délayer avec du confommé ; paffez-le au tamis , pour n'en prendre que le plus clair , & le faites prendre au bain-marie jufqu'à bonne confiftance dans un plat de fayance ou d'argent.

C'eft un entremets délicieux & des plus reftaurans.

Crêmes au Riz.

Prenez de belle fleur de riz en poudre , délayez-la dans du bouillon ; &

la faites cuire à petit feu , en la remuant souvent jusqu'à ce qu'elle soit
bien cuite ; passez-la au tamis , & y
ajoutez un lait d'amandes douces pilées avec deux pincées de coriandre ,
& passé au travers d'un linge ; faites-
la chauffer un instant , & la servez
chaude.

Crême de santé excellente pour
des convalescens ou des tempéramens
délicats.

Crême du Commissaire.

Choisissez une bonne perdrix & la
faites cuire à la broche ; désossez-la
& en pilez toutes les chairs en les
humectant avec un peu de bon consommé ou de jus de veau ; ajoutez-
y ensuite six jaunes d'œufs , sel ,
poivre & un peu de fines épices en
poudre ; passez le tout au tamis , &
en mettez les sucs dans un plat ,

pour le faire prendre & cuire au bain-marie.

Crême grasse des plus salutaires.

Omelette au Jambon.

Prenez une belle tranche de jambon cuit à l'eau ; s'il est crud vous le ferez revenir & cuire une demi-heure en casserole ; hachez le très-fin & le mélangez avec une douzaine d'œufs bien battus à froid avec un peu de jus de veau ; faites cuire votre omelette à la poële , en observant qu'elle soit d'un beau blond doré & d'un goût moëlleux : pour qu'elle soit délicate , il ne faut pas qu'elle soit mince sur les bords & épaisse dans le milieu , mais il faut lui conserver par-tout une bonne épaisseur.

Il est inutile de la saler , parce que le jambon porte toujours beaucoup de sel avec lui.

Omelette à la Farce.

Avec toutes fortes de farces de veau, mouton, volaille, perdreaux, gibier, &c. mélangées à des œufs battus, on fait une infinité d'omelettes farcies qui font délicieufes & très-reftaurantes.

Elles fe font exactement comme les omelettes au jambon ; il fuffira de s'y conformer pour y réuffir.

Omelette au Rognon.

Prenez un rognon de veau qui ait été cuit à la broche, hachez-le & le nourriffez avec de la crême douce ; caffez-y fept à huit œufs, fel, poivre & mufcade ; battez bien le tout enfemble avec des verges de bouleau ; faites cuire votre omelette à la poële, & tenez-la épaiffe, afin de lui conferver plus de moëlleux.

Au lieu de sel, poivre & muscade ; on peut y mettre du sucre & de l'écorce de citron rapé, pour la manger en entremets chaud sucré : cette derniere maniere est plus délicate & plus saine, en ce qu'elle se digere plus facilement.

C'est au goût & à l'intelligence des amateurs à les varier à l'infini, en y ajoutant ou retranchant ce qui leur paroîtra agréable à l'œil, au palais & à la santé.

Omelette à la Carmelite.

Fouettez une douzaine d'œufs avec un peu de sel, poivre & coriandre ; lorsqu'ils seront bien mousseux, ajoutez-y un demi-verre de sang de volaille ou d'agneau, & une ou deux cuillerées de crême douce ; battez bien le tout ensemble, & faites cuire votre omelette à la poële, en ob-

servant qu'elle se prenne également
par-tout.

Entremets chaud peu délicat.

Omelette au Lard.

Coupez en petits dés du lard entrelardé de maigre , que vous aurez auparavant fait cuire une demi-heure
dans une casserole ; ou bien après l'a-
voir coupé , mettez-le tout simplement
cuire à la poêle avec un peu de beurre ;
remuez-le souvent , & lorsque les
morceaux de petit lard commènce-
ront à se rissoler & à venir d'un blond
doré, versez dans la poêle une douzaine d'œufs bien battus auparavant ;
remuez vos œufs avec le lard, pour
les mélanger ensemble , & ramas-
sez ensuite les bords de votre omelette pour la faire cuire d'un beau
blond & d'une jolie épaisseur.

Entremets appétissant & agréable ,
mais un peu pesant.

Omelette aux Croûtons.

Faites griller de petits croûtons de
pain de la groffeur du petit doigt ;
faites-l s revenir & cuire en cafferole
dans du jus de veau ou de volaille,
ou dans du confommé : on peut y en-
tre-mêler des filets de volaille , chapon ou perdrix ; vos croûtons étant
cuits bien moëlleux , battez une douzaine d'œufs , & y mélangez vos croûtons , &c. faites cuire votre omelette à la poële , roulez-la & la fervez
dans un plat chaud.

Lorfque le beurre ou la graiffe blanche dans laquelle on la fait cuire ,
n'eft pas affez chaud , elle a beaucoup de peine à fe prendre ; mais on
réuffira toujours, en n'y jettant pas
les œufs & les croûtons , que le beurre
ou la graiffe ne foient bouillans.

Entremets chaud , très-délicat &
fain.

Omelettes de Venaiſon.

Prenez des foies de lievre, de lapin ou de chevreuil, perdreaux, faiſans, &c. hachez-les & les mélangez dans une douzaine d'œufs bien battus, avec ſel, poivre & fines épices ; faites-la cuire à la poële & la ſervez chaude.

Entremets chaud, délicat & ſain.

Omelette à la Jéſuite.

Battez une demi-douzaine d'œufs & en formez une omelette bien mince à la poële ; dreſſez-la ſur un plat, & la recouvrez d'une farce compoſée de blancs de volaille, petit lard & truffes, le tout bien haché & modérément aſſaiſonné ; battez une autre demi-douzaine d'œufs, & en faites une ſeconde omelette mince pareille à la premiere ; recouvrez - en votre omelette farcie , luttez-en les rebords avec un blanc d'œuf, & les faites cuire en les touchant avec une pelle rouge ; fervez-la chaude avec une fauce ou un jus de veau deffous.

C'eft un des entremets les plus délicats de la cuifine moderne : il eft fain , reftaurant , fournit tous les fucs propres à produire un bon chyle.

CHAPITRE X.

Des Oeufs de plufieurs manieres en Entremets gras.

Oeufs au Jus.

FAITES cuire des œufs pochés à l'eau , qui foient frais & cuits mollets ; égouttez-les & les dreffez fur un

plat dans l'ordre le plus apparent ;
arrofez-les d'un bon jus de veau qui foit
d'un brun foncé & clair : fervez-les
chauds ou froids.

Entremets fain & apparent.

Oeufs à l'Impériale.

Pilez des blancs de volaille avec des
blancs de perdreaux, perfil , fel, poivre & du pain mollet cuit & nourri
dans de la crême douce , & lié de
quatre jaunes d'œufs ; garniffez le fond
du plat avec cette farce ; caffez huit
œufs fur cette farce fans les battre , &
faites cuire le tout fur des cendres
chaudes ; panez avec de la mie de
pain , & paffez une pelle rouge deffus
pour donner couleur.

Entremets délicieux & très-fain :
il réuffit facilement, en le couvrant
d'un plateau garni de petite braife.

Œufs au Lard.

Faites fondre du lard dans un poëlon, & lorsqu'il commencera à roussir & à être simplement d'un blond
doré , pochez-y des œufs frais l'un
après l'autre ; quand ils seront cuits ,
ajoutez y pour garniture un salpicon
bien cuit ou une sauce délicate au jus
de veau ou de volaille , &c.

Œufs frits.

Faites fondre du lard à la poële ;
après l'avoir tout coupé par petits
dés , & quand il aura rendu sa graisse
bien bouillante , cassez-y des œufs &
les y faites frire l'un après l'autre d'un
beau blond ; laissez égoutter vos œufs
sur un tamis , dressez-les sur un plat ,
jettez votre petit lard dessus , & les
arrosez d'un peu de blond de veau de
santé. (*Voyez le livre second*). Servez-
les

les bien chauds ; car en refroidiffant ,
ils font bien moins agréables.

J'ai éprouvé avec fuccès qu'ils réuf-
fiffent plus parfaitement en friture
dans de la graiffe blanche de l'année
que dans du lard : ils font même plus
fains de cette maniere , parce que la
graiffe blanche ayant befoin de bouillir
moins de tems pour fe fondre que le
lard , prend bien moins d'âcreté & de
torréfaction.

Oeufs brouillés au Jus.

Choififfez une douzaine d'œufs ,
dont vous ne prendrez que huit blancs
& les douze jaunes ; battez-les & les
paffez au travers d'un tamis , afin
d'en féparer tous les germes & de
les mélanger plus parfaitement ; mettez-les en cafferole dans un grand
verre de jus de veau , avec fel , poivre & un peu de mufcade ; dès qu'ils

commencent à fentir la chaleur ;
tournez - les continuellement fur le
feu avec une fourchette ; s'ils s'épaif-
fiffent trop promptement , vous y
ajouterez un peu de jus ; tournez-les
toujours , jufqufqu'à ce qu'ils foient
entiérement pris , & les verfez fur un
plat chaud.

Ils font moëlleux , délicats & reftaurans.

Oeufs brouillés.

Prenez huit jaunes d'œufs & quatre blancs , battez-les & les faites
cuire dans de bon bouillon, en les
tournant toujours avec une fourchette
ou une verge de bouleau ; affaifonnez-
les modérément, & ne les laiffez pas
trop cuire.

Oeufs brouillés à la Vénitienne.

Faites fondre dans une cafferole

deux anchois bien lavés & coupés par morceaux ; ajoutez-y une cuillerée de graiffe blanche & un demi-verre de bon jus de bœuf ; prenez enfuite douze jaunes d'œufs & fix blancs, paffez-les au travers d'un tamis, & y ajoutez fel, poivre & un peu de fine mufcade ; mettez-les dans le jus de bœuf & les y brouillez avec la four-chette jufqu'à ce qu'ils foient pris également, & foient blonds & moël-leux.

Ce font des entremets fains, déli-cats & appétiffans.

Oeufs brouillés aux Afperges.

Battez huit ou dix œufs dans un poëlon, ajoutez-y blond de veau, fel, poivre & mufcade rapée, & les fommités feulement d'une cinquan-taine de petites afperges ; mettez cuire le tout enfemble fur un feu doux; brouillez avec une fourchette, & fervez chaud.

Ils font fains & délicieux.

Oeufs au Verjus.

Faites fondre dans une cafferole une cuillerée de graiffe blanche avec un peu de beurre manié de fleur de farine; lorfque le tout fera fondu, & commencera à devenir blond, ajoutez-y un demi-verre de jus; liez votre fauce, & y jettez alors huit ou dix œufs bien battus avec du verjus; tournez-les continuellement avec une fourchette pour les brouiller fur un feu doux, en obfervant de n'y mettre que peu de verjus, car fon acidité augmente en cuifant.

Ils font fains & agréables.

Oeufs brouillés aux Mousserons, Morilles, &c.

Hachez menu des morilles ou des mousserons; faites-les revenir en casserole & cuire dans de bon jus ; lorsqu'ils auront pris goût, & que la sauce aura assez de consistance, cassez-y une douzaine d'œufs dont vous ôterez quatre blancs ; assaisonnez modérément , & remuez-les toujours avec une fourchette pour les brouiller à mesure qu'ils cuisent ; étant cuits moëlleux , servez-les chauds.

Oeufs à la Piémontaise.

Faites fondre deux anchois au fond d'une casserole, & les mouillez avec du jus de veau ; cassez huit œufs, prenez-en les huit jaunes avec deux blancs seulement ; battez-les bien & les jettez en casserole dans le jus

I iij

chaud , avec sel, poivre & un peu de muscade ; brouillez - les continuellement avec une fourchette , & les entretenez chauds & moëlleux ; garnissez tout le tour de croûtons frits à la poële & piqués dans les œufs brouillés.

Rapez sur votre plat du fromage de Parme , & passez une pelle rouge dessus pour leur donner une couleur de blond doré : servez-les bien chauds.

Oeufs brouillés aux Légumes.

Faites à l'ordinaire un ragoût de chicorées, culs d'artichauts , cardes , laitues ou de tous autres légumes que l'on voudra ; cuisez-les dans de bon jus ou d'excellent bouillon ; coupez-les ensuite en dés ou par morceaux de moyenne grosseur ; cassez-y une douzaine d'œufs & les brouillez avec une fourchette pour les finir blonds & moëlleux.

N. B. Cette maniere de les manger aux légumes cuits dans du jus, eft
la plus faine & la plus facile à digérer.

On peut enfin faire des œufs brouillés dans toutes les fauces poffibles ;
c'eft à l'intelligence ou au bon goût
d'un artifte à préférer celles qui font
le plus au goût des convives ou des
amateurs.

Petits Oeufs au gras.

Choififfez deux douzaines de beaux
œufs & les faites cuire à demi-durs,
c'eft-à-dire cuire en eau bouillante
jufqu'à ce qu'ils foient mollets fans
être entiérement durcis ; brifez-en les
coques & n'en prenez que les jaunes ;
pilez-les dans un mortier avec une
pincée de fleur de farine ; humectez-
les avec du jus de volaille, & formez-

I iv

en une pâte qui ait de la confiſtance ;
mais qui ſoit aſſez maniable pour
prendre toutes les formes que l'on
voudra.

Mettez au fond d'un grand plat
une pincée de fleur de farine ; trempez-y vos deux mains , & prenez enſuite un peu des jaunes d'œufs pilés ;
roulez-le dans le creux de la main , &
en formez de petits œufs gros comme
des noiſettes ou des avelines ; lorſque vous aurez employé tout votre
appareil à en former des petits œufs
plus ou moins gros , il faut avoir de
l'eau bouillante , dans laquelle vous
mettrez un jus de citron & une pincée
de ſel ; faites-y cuire un inſtant vos
petits œufs pour les durcir ; égouttez-
les & les employez enſuite à garnir
des entrées , ou à divers plats d'en-
trémets.

Petits Oeufs au Jus.

Prenez une vingtaine des petits œufs ci-deſſus, & les faites mitonner un quart-d'heure dans un verre de bon jus de veau ou dans telle autre ſauce qu'il vous plaira.

Ils ſont très-délicats.

Oeufs aux petits Pois.

Ayez des petits pois verds & tendres; faits-les cuire dans du bouillon ou du jus; ajoutez-y quelques croûtons frits à la graiſſe blanche; lorſqu'ils feront cuits bien moëlleux, caſſez-y ſept ou huit œufs, ſel, poivre & muſcade, & les faites cuire ſur des cendres chaudes, avec une tourtiere deſſus, pour les cuire bien également deſſus & deſſous.

On les ſert plutôt en hors-d'œuvre

I v

qu'en entremets : ils font délicats &
fains.

Oeufs aux Cornichons.

Lavez dans plufieurs eaux des cornichons confits au vinaigre ; hachez-
les & les paffez un inftant fur le feu
dans un peu de beurre , & les faites
mitonner un inftant dans un peu de
jus ou d'excellent bouillon.

Faites durcir des œufs ; coupez-les
en deux avec un couteau, foit dans
leur longueur ou en travers ; pilez les
jaunes avec fel, poivre, & les arrofez
avec de la crême douce; mêlez-les
avec vos cornichons, & laiffez réduire le tout comme fi c'étoit une
farce.

Oeufs en Beignets.

Faites durcir une douzaine d'œufs;
dépouillez-les de leur coque, & les

pilez dans un mortier avec un peu
de crême douce & gros comme le
poingt de moëlle de bœuf ; pilez enfuite à part une demi-douzaine de
macarons, d'amandes ameres, un peu
de fucre & un morceau d'écorce de
citron ; mélangez le tout avec œufs
durs pilés, & formez-en des beignets
gros comme des amandes avec leurs
coquilles.

Compofez une pâte fine avec de la
fleur de farine, un peu de beurre,
fel, citron rapé, &c. formez-en une
pâte liquide, dans laquelle vous trem-
perez vos beignets pour les faire frire
d'un blond doré, dans de la graiffe
blanche bouillante à petit feu.

Il eft important que le feu foit
doux, afin de donner le tems au dedans de fe cuire.

On les glace avec du fucre en poudre avant de les fervir : ils font très-
délicats & fains.

Oeufs à la Daube.

Battez bien une douzaine d'œufs, en les fouettant jufqu'à ce qu'ils montent en écume ; affaifonnez-les de fel, poivre & mufcade, & les faites cuire en cafferole avec un bon jus de daube ou de bœuf à la mode ; ajoutez-y deux tranches de petit lard cuit fur le gril & coupé en dés : faites cuire le tout à petit feu.

Oeufs en Purée.

Ayez des petits pois accommodés au gras, que vous tiendrez chauds en cafferole ; pochez des œufs frais à l'eau, dreffez-les chauds fur un plat, & paffez vos pois en purée pardeffus, pour donner un mafque agréable ; il faut que la purée foit verte & légere, fans quoi ce feroit plutôt un hors-d'œuvre qu'une entrée.

Oeufs à l'Allemande.

Faites fondre en casserole du beurre manié de fleur de farine, avec sel, poivre, persil & un peu de gingembre en poudre ; ajoutez-y ensuite du consommé ou du jus de bœuf, avec autant de vin blanc du Rhin ; faites bouillir le tout un quart-d'heure.

Faites pocher des œufs bien mollets, & versez dessus votre sauce, en les tenant sur des cendres chaudes un instant.

Ils sont délicieux, restaurans & très-sains, quoiqu'un peu chauds.

Oeufs à la Milanaise.

Faites fondre en casserole du beurre frais, avec persil & estragon hachés ; ajoutez-y un verre de consommé & un demi-verre de vin de Champagne, une cuillerée d'huile d'olive & un anchois haché très-fin; faites bouillir le tout ensemble une demi-heure, & passez cette sauce au tamis.

Dressez des œufs pochés dans un plat chaud , & versez-y dessus votre sauce après lui avoir fait prendre un bouillon.

Oeufs à la Huguenotte.

Mettez au fond d'un plat de terre ou d'argent, un peu de jus de veau ou du fond d'une daube ; cassez-y huit ou dix œufs , saupoudrez - les d'un peu de muscade , & les faites cuire à petit feu sans être durcis ; ils doivent être doux &. moëlleux : on peut passer au-dessus une pelle rouge pour achever de cuire ceux qui seroient encore baveux.

Ils font très-nourrissans , délicieux & sains.

Oeufs à la Génevoise.

Délayez dans une casserole huit jaunes d'œufs avec du jus ou du blond de veau , avec sel , poivre & un peu de muscade ; passez-les au tamis ou au travers d'un linge blanc ; couvrez la casserole d'un couvercle , & les mettez cuire au bain-marie , soit sur le fourneau de santé (détaillé au premier volume) , soit dans une casserole plus grande remplie d'eau bouillante ; lorsqu'ils seront bien pris , servez-les chauds.

Ils sont restaurans & délicieux.

Oeufs aux Ecrevisses.

Préparez une douzaine de jaunes d'œufs de la maniere précédente , & au lieu d'y mettre autant de jus , vous y mettrez les sucs exprimés d'une trentaine d'écrevisses cuites dans de

l'eau avec autant de jus de veau ou
de bœuf ; finiſſez-les au bain-marie
comme les précédens.

Ils ſont ſucculens & raffraîchiſſans.

Oeufs à la Ducheſſe.

Pochez une douzaine d'œufs de
ſorte qu'ils ſoient mollets ſans être
bien durs ; égouttez-les & les coupez
en deux dans leur longueur ; mettez-
en les jaunes dans une caſſerole, délayez - les avec du blond de veau
ou du conſommé ; paſſez-les au tamis, & à la place des jaunes, rempliſſez le dedans de vos blancs d'œufs
avec une farce fine de blancs de volaille hachés avec de la chair de petites ſauciſſes, le tout lié d'un jaune
d'œuf frais ; vos œufs étant tous farcis, remettez les moitiés l'une contre
l'autre ; & les ſoudez avec le blanc
de l'œuf qui a ſervi de liaiſon à la

farce ; dreffez-les fur un plat , & verfez deffus votre fauce aux jaunes
d'œufs ; faites-les cuire une demi-
heure au bain-marie , avec un couvercle au-deffus duquel vous mettrez
un peu de petite braife , afin qu'ils fe
cuifent deffus & deffous.

C'eft un entremets chaud délicat &
fain , qui fe fert fur les tables les plus
fomptueufes.

Oeufs aux Filets.

Faites durcir une douzaine d'œufs ;
ôtez-en les jaunes , mettez-les fur un
plat avec fel , poivre & bafilic en
poudre.

Coupez les blancs en filets , ayez
cinq ou fix oignons également coupés
en filets ; faites-les revenir en cafferole
dans un demi-verre d'huile bouillante ; étant cuits aux deux tiers ,
mouillez-les d'un verre de bon jus &

d'un demi-verre de vin blanc ; laiſſez mitonner le tout une demi-heure , & lorſque votre farce aura acquis une jolie conſiſtance , verſez-la ſur un plat & dreſſez au-deſſus vos blancs d'œufs coupés en filets : ſervez-les chauds.

Ils ſont délicats & ſains.

Oeufs aux filets de Chapon.

Délayez ſix jaunes d'œufs avec de bon bouillon , & les faites cuire au bain-marie ; lorſqu'ils commenceront à bouillir , coupez en filets les reſtes d'un chapon ou d'une poularde rôtis ; jettez-les dans vos jaunes d'œufs ; faites mitonner , & ſervez chaud.

Oeufs aux Blancs de Volaille.

Prenez une once d'amandes douces ; pilez-les en les arroſant de crême douce ou de bon lait ; pilez également des blancs de volaille avec trois amandes ameres , & délayez ces deux pâtes avec fix jaunes d'œufs & un peu de crême.

Faites bouillir une pinte de bon lait avec un peu de fucre ou d'écorce de citron confit ; fervez-vous-en pour délayer l'appareil ci-deffus ; paffez-le au tamis, en le bourrant avec une cuiller pour bien exprimer toute la pulpe , & faites cuire tout ce qui aura paffé au bain-marie , dans un vaiffeau plein d'eau bouillante ou bien au fourneau de fanté , décrit au commencement de cet ouvrage.

On réuffit également à les faire de la même maniere avec toutes fortes d'oifeaux ou de menu gibier , foit poulets , chapons, dindonneaux , faifans , levrauts, lapereaux & autres animaux jeunes & tendres.

Ce font des entremets reftaurans

& délicieux, qui conviennent à tous les tempéramens.

Ils fe fervent chauds ou froids.

Oeufs à l'Espagnole.

Mettez une douzaine de jaunes d'œufs cuire tout entiers, fans les crever, dans du blond de veau ; il faut avoir foin d'en féparer les blancs de maniere à n'y laiffer aucun germe ; lorfque les jaunes feront cuits mollets , coupez-en la fauce avec du bouillon de lapin ou du jus de volaille.

Pour qu'ils foient moëlleux , il faut les cuire au bain-marie & les fervir chauds : le fourneau de fanté les réuffit parfaitement.

Oeufs au Pere Jean.

Caffez une douzaine d'œufs dans de bon confommé ; délayez-les dans

le bouillon ; ajoutez un peu de beurre
manié , & les brouillez avec une fourchette jufqu'à ce qu'ils aient pris confiftance ; on y ajoutera fel , poivre &
un peu de mufcade rapée en les finiffant.

Ils font délicats & affez reftaurans
pour des perfonnes agées.

Oeufs aux Foies gras.

Prenez une douzaine d'œufs frais ;
pochez-les bien mollets ; faites frire
dans de la graiffe blanche une douzaine de croûtons de pain.

Compofez une farce fine & moëlleufe avec des foies gras, fines herbes , fel & mufcade ; garniffez-en
vos croûtons , couchez un œuf poché
fur chaque croûton, & le recouvrez
tout autour d'un peu de farce ; panez-
les & leur faites prendre belle couleur au four doux ou fous une tour-

tiere; étant cuits, mettez au fond d'un plat un jus de veau ou de volaille, dreſſez vos œufs deſſus & les ſervez chauds.

Entremets agréable & ſain.

Oeufs au Blond.

Pochez des œufs frais dans de l'eau bouillante; épluchez - les ſoigneuſement & les tenez couverts dans une ſerviette chaude en quatre doubles, pour qu'ils ne ſe refroidiſſent pas.

Faites fondre en caſſerole de bon beurre, & y faites revenir une tranche de rouelle de veau, coupée en dés avec quelques morilles; mouillez avec du bouillon & faites bouillonner à petit feu environ une heure.

Paſſez cette ſauce au tamis; dégraiſſez-la & y délayez trois jaunes d'œufs avec du perſil haché très-

menu , un peu de crême douce &
quelques gouttes de jus de citron ;
lorfqu'elle fera bien liée , placez-y
vos œufs deux minutes , & les fervez
chauds.

Entremets délicat & des plus agréables pour le goût & la fanté.

Oeufs en Rochers.

Faites pocher fept ou huit œufs
frais & les épluchez fans les déchirer ;
tenez-les chauds & couverts.

Paffez une tranche de rouelle de
veau dans quelques morceaux de petit
lard ou de graiffe blanche fondue en
cafferole ; mouillez avec d'excellent
bouillon ; ajoutez-y un grand verre
de crême douce , & continuez à faire
bouillir un quart-d'heure ; paffez votre fauce au tamis ; ajoutez-y un demi-
verre de bon jus de veau , & y caffez
une douzaine d'œufs , dont vous au-

rez séparé huit blancs & tous les germes; assaisonnez modérément & les
brouillez avec une fourchette à mesure qu'ils se cuisent ; ayez soin qu'ils
soient moëlleux & doux.

Dressez vos œufs pochés dans un
plat en forme de rocher rocailleux,
en les disposant de maniere qu'ils se
soutiennent mutuellement; versez ensuite dessus & sur tous les côtés les
œufs brouillés au jus & à la crême
ci-dessus , pour les couvrir par-tout ;
saupoudrez-les ensuite avec une pincée de fleur de farine cuite au four,
afin d'imiter le blanc des rochers;
n'en mettez que ce qui sera nécessaire
pour leur donner une couleur agréable, & les servez chauds.

Entremets apparent, des plus agréables , très-nourrissant, mais un peu
pesant pour les estomacs délicats.

Oeufs à la Jardiniere.

Préparez un bon plat d'ofeille ou autres légumes potagers, en le nourrissant avec de bon jus ou d'excellent confommé de bœuf; dreffez-les fur un plat, & y faites avec une cuillier fept à huit cafes ou places un peu creufes, dans chacune defquélles vous verferez une demi-cuillerée de jus & cafferez un œuf frais; mettez le plat fur un feu doux, & le recouvrez d'un plateau fur lequel vous répandrez un peu de petite braife; laiffez-les fe cuire doucement, & les fervez dans le même plat : il faut obferver de les ôter du feu un peu avant qu'ils foient entiérement cuits, parce que la chaleur du plat fuffit pour leur donner le refte de cuiffon qui leur manque.

C'eft, de toutes les manieres de manger les œufs au gras, une des meilleures & des plus reſtaurantes à la ſanté.

Si on deſire les déguiſer , on peut les ſaupoudrer avec de la chapelure de pain cinq minutes avant qu'ils ſoient cuits ; le feu du couvercle leur donnera un œil blond des plus agréables, & on ne ſaura ce que c'eſt qu'à l'inſtant où on les ſervira.

Oille liée.

Il faut former votre potage avec du bouillon de légumes ou avec celui de poiſſon, puis le couvrir tout ſimplement d'un coulis ou conſommé maigre, ou bien d'une purée bien moëlleuſe.

On peut en varier les garnitures à l'infini, & ſe procurer quantité d'oilles délicates & ſaines.

Potage aux Choux-fleurs.

Epluchez foigneufemement vos choux-fleurs , faites-les cuire dans du bouillon maigre avec un peu de fel & un foupçon de fines épices mélan-gées : égouttez-les.

Formez votre potage avec du bouil-lon de poiffon ou d'oille maigre ; garniffez-en le deffus avec vos choux-fleurs , & les couvrez d'une fauce en maigre ou confommé de poiffon , tels que le fuivant , qui peut s'em-ployer dans mille cas différens.

Ils font fains & agréables.

Coulis aux Potages maigres.

Prenez deux ou trois tronçons de carpe, anguille , brochet ou autres poiffons qu'on peut avoir ; foncez une cafferole avec des oignons coupés par tranches ; faites-les fondre dans un

peu de beurre , & y placez vos tronçons de poisson pour y suer à petit
feu ; lorsqu'ils commencent à rendre
leur jus, ajoutez-y un morceau de
beurre manié de fleur de farine , que
vous y laisserez fondre & réduite en
roux ; mouillez alors le tout avec du
bouillon de poisson & un demi-verre
de vin blanc , une feuille de laurier
& une cuillerée d'huile douce de provence; faites mitonner & bouillonner
lentement une petite heure ; passez au
tamis , & vous en servez pour masquer toutes sortes de potages , &
nourrir beaucoup d'entrées & hors-
d'œuvres en maigre.

C'est un blond en maigre qui est
des plus agréables , mais peu sain.

Potages de Purées.

Nétoyez & lavez des lentilles à la
reine dans plusieurs eaux tiedes, faites-

les cuire dans le bouillon des légumes ;
passez-les & les saupoudrez d'une
pincée de fleur de farine ; laissez mitonner une demi-heure ; égouttez vos
lentilles ; pilez-les & les passez au
travers d'une passoire ou d'un tamis,
en mouillant le marc & les bourrant
avec une cuiller ; sur la fin, mêlez au
marc des lentilles deux cuillerées
d'épinards ou d'oseille bien cuits, &
les bourrez avec les lentilles ; cela leur
donnera une couleur de verd-pré des
plus agréables, qui coupera délicate-
ment le goût de la purée, sans altérer
sa salubrité.

On peut, de la même maniere,
composer des potages aux purées de
pois secs & verds, de petites feves,
d'haricots verds & de tous les autres
légumes potagers : ils doivent avoir la
consistance d'un potage au gras, &
être toujours moëlleux & sans grumeaux.

Potage à l'Angl ise.

Prenez pêle-mêle des carpes , perches , brochets , merlans & autres
poiffons quelconques; ajoutez-y quelques huîtres féparées de leurs coquilles ; coupez vos poiffons par tronçons,
& les faites mitonner dans du bouillon
de poiffon , jufqu'à ce qu'ils foient
bien cuits , & que la chair des tronçons
commence à fe féparer des arrêtes.

Paffez votre potage au tamis, jettez enfuite vos tronçons deffus , épluchez-en les arrêtes , & les écrafez en
purée , pour en faire paffer tous les
fucs au travers du tamis ou de l'étamine, avec forte expreffion ; trempez
vos croûtes dans ce confommé , &
mafquez-en le deffus d'une purée
légere.

Ce potage à l'ang'oife eft très-fuc-
eulent & des plus réftaurans ; on l'em-

ploie avec fuccès à nourrir beaucoup
d'entrées ; ils eſt beaucoup plus fain
que le coulis maigre ou le blond de
poiſſon.

Potage aux Morilles.

Nétoyez & lavez des morilles dans
pluſieurs eaux chaudes ; faites - les
cuire & mitonner dans du bouillon
de poiſſon ou du potage à l'angloiſe ;
nourriſſez-les bien & les laiſſez mitonner juſqu'à ce qu'elles ſoient cuites
& bien moëlleuſes : on y ajoute ordinairement des culs d'artichauts ,
qui en aug nentent la délicateſſe &
la ſalubrité.

Potage de Semoule.

On récolte , dans les provinces méridionales de France , un gros grain
blanc qui , cuit dans des bouillons
gras ou maigres , donne des po-

tages très-fains & des plus reftaurans :
on l'appelle femoule.

Pour la préparer bien moëlleufe,
il faut, après l'avoir lavée, la faire
tremper toute une nuit dans une eau
bouillante dont on l'arrofe, en la
tenant hors du feu & couverte : elle
rend alors beaucoup de fleur ; on la
remet à cuire devant un feu doux,
& on la laiffe mitonner cinq ou fix
heures, en la remuant fouvent avec
une cuiller ; ajoutez-y, à mefure
qu'elle fe gonfle, du confommé de
poiffon ou du potage anglois, ou
bien du jus d'écreviffes paffé au tamis.

Elle eft douce & délicate ; mais il
faut n'en pas manger avec trop d'abondance, quand on n'y eft pas accou-
tumé.

Potage d'Orge mondée, d'Aveinat, &c.

Les potages d'orge mondée, de

gruau de Bretagne, de millet & d'autres graines farineufes, fe préparent
& fe finiffent de la même maniere
que les potages de femoule ; la feule
différence, c'eft qu'ils exigent un peu
moins de cuiffon, & qu'il faut avoir
foin qu'ils ne foient pas trop épais,
& de les remuer fouvent, fans quoi
ils fe brûlent & prennent un goût déteftable.

Lorfqu'il arrive que ces potages ont
été furpris, & commencent à brûler
au fond, il faut tout fimplement les
changer de vafe, en ne touchant pas
du tout à ce qui a pu s'en attacher à
fes parois : il faut au refte qu'elles
trempent également la nuit entiere,
arrofées d'une eau bouillante, après
quoi on les égoutte pour les faire
cuire & nourrir au bouillon de poiffon.

K

Potage à l'Oignon.

Faites bouillir de bon lait avec sel & poivre, faites fondre du beurre en casserole, & y faites roussir quelques oignons coupés par tranches, en les remuant toujours jusqu'à ce qu'ils soient seulement d'un blond doré; jettez-les alors dans votre lait bouillant, & faites mitonner le tout une demi-heure; dressez des croûtes dans une terrine, arrosez-'es avec votre potage à l'oignon, & les humectez peu à peu jusqu'à ce qu'elles soient bien gonflées; lorsqu'elles auront acquis leur volume, garnissez-en votre soupiere, & achevez de les faire nager dans le potage, en les couvrant de l'oignon qui restera au fond de la casserole.

Il est sain & délicat.

Potage au Lait d'Amandes.

Choififfez des amandes douces qui ne foient pas rances, échaudez-en une demi-livre avec de l'eau bouillante, pilez-les & les arrofez de tems en tems avec quelques gouttes d'eau de fleur d'orange, pour qu'elles ne fe tournent pas en hui'e.

Lorfque le tout fera réduit en une pâte fine & moëlleufe fous les doigts, délayez-la dans une pinte d'eau bouillante, paffez-la à l'étamine ou au travers d'une ferviette neuve, avec forte expreffion ; mettez ce lait dans une cafferole, avec fucre & un peu d'écorce de citron confit, caffez-y quelques croûtes de pain grillées, & faites mitonner le tout enfemble fur un feu doux pendant une demi-heure, fans le faire bouillir, afin que le lait d'amandes ne fe décompofe pas.

K vj

C'eft un potage délicat, agréable & adouciffant : il rafraîchit beaucoup & tempere, fur-tout en été, l'effervefcence du fang.

Potage aux Croûtes.

Prenez deux petits pains à café, & leur faites un petit trou au deffous, afin d'en fortir toute la mie avec une cuiller; laiffez les une demi-heure au four doux, après que le pain ou la pâtifferie en font fortis ; lorfqu'ils feront grillés d'un beau brun, fortez-les & les frottez tout chauds avec du beurre frais; placez-les dans une foupiere, & les mouillez peu à peu avec du bouillon de poiffon; mettez la foupière fur des cendres chaudes, & laiffez-y vos croûtes s'y gonfler par degrés, en les arrofant de tems en tems fans les noyer, feulement à mefure que la croûte aura bu le bouil-

lon ; lorfqu'elles auront acquis beaucoup de volume , mafquez - les avec
de fines herbes cuites dans du bouillon maigre , ou bien avec une purée
d'épinards , de chicorée ou de culs
d'artichauts.

Potage fain , délicat & reftaurant ,
lorfque le bouillon en eft bon.

*Pâtes d'Italie. Vermicelli , maca-
roni , &c.*

Genes , Venife & Florence four-
niffent toute l'Europe des pâtes d'Italie , compofées avec la plus fine farine
d'un gros bled , préparée avec des jaunes d'œufs , du fafran & d'autres
productions faines & délicates , très-
convenables à la fanté : elles four-
niffent beaucoup de fucs reftaurans
qui conviennent généralement à toutes fortes de conftitutions.

La maniere de les préparer en mai-

gre, eft facile & fimple; il ne s'agit que d'en mettre un quarteron dans une pinte de bouillon de légumes ou de celui de poiffon; on l'y laiffe bouillir lentement une petite heure : elle fe gonfle prodigieufement, & donne un potage des plus moëlleux : on n'y ajoute rien pour garniture.

Si on les veut plus reftaurantes ; on y mêle un verre de jus ou confommé de poiffon : elles ne doivent pas bouillir long-tems.

Potage au Riz blond.

Lavez de beau riz dans plufieurs eaux tiedes, & en mettez un quarteron cuire dans du bouillon de poiffon; ajoutez-y fix grains de fafran en poudre très-fine, & laiffez mitonner une heure & bouillir à petit feu; lorfqu'il fera cuit d'un beau blond doré, on le fervira dans une foupiere , fans autre garniture.

Il eft pectoral & fortifiant.

Potage au Lait de fafran.

Prenez du riz blanc , échaudez-le & l'égouttez bien ; jettez-le dans une pinte de lait bouillant , en y ajoutant fix grains de fafran en poudre fine ; faites bouillonner à très - petit feu pendant une heure & demie, & fervez chaud.

Il y a bien des Cuifiniers qui font crever leur riz à l'eau , avant de le nourrir de lait : cette maniere eft moins fubftantielle , mais plus facile à digérer qu'au lait pur : on choifira ce qui conviendra le mieux.

Créme de Riz au Bouillon.

Délayez de la fleur de riz avec un demi-verre de bouillon de poiffon à

froid ; verfez y enfuite une chopine
ou une pinte du même bouillon froid,
& mettez le tout en cafferole cuire à
très-petit feu pendant deux ou trois
heures , jufqu'à ce qu'il en réfulte
une crême douce, moëlleufe & bien
fondue : il faut la remuer fouvent.

S'il y a des grumeaux au fond,
quand elle fera cuite, on la paffe au
travers d'un tamis, pour n'en recueil-
lir que la pulpe.

Si on la veut plus fortifiante , pour
un convalefcent ou une perfonne délicate, on la nourrira avec un jus de
carpe ou de merlan , dont on aura exprimé tout le fuc au travers d'un linge
neuf.

Ces crêmes de riz doivent être
coulantes & claires comme de la
crême de lait ; lorfqu'elles fout épaif-
fes, elles pefent fur l'eftomac & fe
digerent difficilement.

Créme de Riz au Lait amandé.

Elle se fait de même que la crême au bouillon , excepté qu'on la délaie avec du lait froid, & qu'on y ajoute une feuille de laurier amandé; on laisse le tout bouillonner une heure & demie sur un feu très-doux, & on le passe au tamis.

On y ajoute une cuillerée d'eau de fleur d'orange, & un peu de sucre rapé, pour lui donner plus d'agrément.

Les crêmes de gruau ou d'aveinat se font exactement de même , soit au lait ou au bouillon ; elles n'exigent d'autre soin que d'être souvent remuées avec une cuiller , afin qu'elles ne se brûlent pas au fond de la casserole.

On peut également faire des crêmes de Riz & de gruau avec du lait exprimé des amandes douces ; mais

il est très-difficile d'y réussir sans que
les amandes tournent ; & pour y parvenir , il faut que la crême frémisse
toujours & ne bouille jamais.

Potage au Riz mélangé.

Préparez-le comme le potage au
riz blond ci-dessus ; faites cuire des
lentilles à la reine , avec deux ou
trois tronçons de merlan ou de carpe ;
lorsqu'elles feront bien cuites , &
qu'elles commenceront à se crever
dans leur bouillon, sortez-en les tronçons de poisson , ôtez-en toutes les
arrêtes, & passez-en les sucs en les
bourrant sur le tamis; jettez-en les
fibres , & passez également en purée
vos lentilles à la reine ; mélangez
votre jus & votre purée dans le riz
au bouillon, & ce mélange vous donnera un excellent potage , aussi sain
que restaurant.

Créme de Semoule.

Le grain de femoule, dont nous avons parlé ci-deffus, réduit en farine, & tamifé au tamis de foie, rend une fleur très-fine, qui, étant cuite dans le bouillon de poiffon, donne-des crêmes farineufes ou potages très-falutaires.

On la détrempe d'abord à l'eau ou avec du bouillon froid, puis on la délaie tout-à-fait dans du bouillon très-chaud, pour la faire cuire deux heures à petit feu, en la remuant fouvent, & prenant foin qu'elle ne fe brûle pas.

C'eft un potage nourriffant & fain, fur-tout pour des fantés altérées; mais il ne faut pas le fervir trop épais.

Potage de Sagou.

Le Sagou eft, dit-on, le fuc def-
féché d'une espece de palmier des
Indes ; on nous l'apporte en grains
comme des petites lentilles ; il fe
cuit à merveille dans les bouillons
gras ou maigres ; il ne demande que
deux heures de cuiffon ; il conferve
toujours un œil brun ; mais il poffede
beaucoup de fucs nutritifs, fi adou-
ciffans & fi moëlleux, qu'on le re-
commande pour les maladies de l'eftomac & de la poitrine.

N. B. Il faut s'en pourvoir chez des
Marchands en gros, car tout celui
qui fe vend en détail eft prefque toujours falfifié.

Potage au Salep.

Le falep, dont nous avons parlé

au chapitre des potages gras, se prépare exactement de la même maniere
dans les bouillons de poisson : il s'y
délaie plus facilement qu'au gras,
pourvu qu'on ait eu l'attention de le
détremper à froid avant de lui faire
sentir la chaleur, car autrement il se
grumeleroit & ne parviendroit jamais
à se dissoudre.

C'est une production alimentaire
des plus restaurantes, & peut - être
même la plus convenable aux tempéramens épuisés ou à des convalescens
qui ont besoin de rétablir leurs forces ;
quant aux autres vertus prétendues
qu'on lui attribue trop légérement,
nous pensons qu'avant d'y ajouter
foi, il faut attendre que le tems &
des expériences réitérées nous les aient
confirmées avec plus d'évidence &
de réalité.

Potage de Garbure.

Un potager fournit nombre de légumes différens, qui servent à faire quantité de potages très agréables ; ainsi, suivant l'espece dont on fait usage, on peut les appeler du nom du légume qui est le plus dominant.

Tels sont les potages aux racines, aux navets, aux artichauts, aux asperges, aux cardons, au céleri, au pourpier, aux concombres, aux radis, aux raves, &c.

On les rend savoureux, en y ajoutant du jus de poisson, après les avoir composés avec du bouillon maigre ; mais au lieu de les mélanger au bouillon, il vaut mieux les verser tout simplement sur vos croûtes de pain grillées ou sur la garniture de légumes ; il en sera plus substantiel, & d'une saveur plus saine & plus restaurante.

Potages de fantaifie.

Le goût & l'intelligence d'un amateur ou d'un artifte fuffifent pour
imaginer chaque jour de nouveaux
mets & de nouveaux potages, fur-
tout dans la claffe de ceux qu'on
appelle potages de fantaifie, qui ne
font affujettis à aucune regle ni prin-
cipe fixe ; tels font les potages aux
moufferons, potages aux truffes, potages aux laitances, potages de faumon & de toutes fortes d'autres objets
en maigre.

Pour les préparer, il n'y a qu'à
fuivre en général la compofition des
potages maigres, dans lefquels on
fera cuire à petit feu deux ou trois
productions différentes tout au plus :
il faut éviter des mélanges trop mul-
tipliés, auxquels l'art, les yeux & le
goût ne connoiffent plus rien, & qui

font plutôt un vrai falmigondi qu'un potage de fantaifie : réunir des chofes faines, les cuire dans des fucs reftaurans, les épicer modérément, voilà les feuls principes qu'on puiffe en donner.

LIVRE

LIVRE XI.

Des Bouillons & Potages maigres.

CHAPITRE PREMIER.

De la Cuisine en maigre.

Quoique la cuisine en maigre ne soit pas à beaucoup près aussi compliquée ni aussi étendue que la cuisine en gras, elle exige cependant des observations essentielles pour la composer de manière à ne pas échauffer ou altérer le sang, & produire au contraire des sucs restaurateurs, & bienfaisans à la santé.

Il y a beaucoup de causes qui tous

Tome III. Lb b

tribuent à rendre la cuisine maigre
fastidieuse ou malfaisante ; les prin-
cipales sont l'excès des huiles ou du
beurre, corps gras à onctueux, qui
rendent le poisson & les légumes pefans & difficiles à digérer ; ils ôten
à l'estomac la force & les moyens to-
niques nécessaires à en pomper les
sucs nutritifs, & à se convertir en
chyle restaurateur.

Le sel, les épices & les aromates,
qu'on prodigue souvent avec excès,
sur-tout dans les légumes, dans l'es-
poir de leur donner un goût plus pi-
quant, les rend âcres, irritans, &
leur communique une chaleur violente qui embrâse le sang, & met le
feu dans toutes les humeurs vitales ;
employés avec une sage modération,
ils font des stimulans agréables, très-
propres à prévenir l'alkalescence des
humeurs, & à corriger leur altération,
tandis que leur excès sera toujours la
cause de mille maladies cruelles.

Enfin , les roux & tous les genres
de torréfaction auxquels on affujettit
fouvent nos productions alimentaires,
dans la cuifine françoife & italienne,
font encore des caufes perfides qui , en
calcinant nos alimens , transforment
leurs fucs les plus doux en des poi-
fons corrofifs qui rongent , brûlent &
deffechent toutes les parties intérieures de l'eftomac & du corps : faut-
ils'étonner fi, après avoir répandu tant
de feu dans fes entrailles , on fe-fent
dévoré d'une foif ardente , & s'il faut
fouvent faire ufage des boiffons les
plus abondantes pour éteindre cette
chaleur interne qu'on éprouve en
mangeant du maigre ; & fi la plupart
des perfonnes pieufes qui obfervent
rigoureufement le carème , font atta-
quées d'un embrâfement général.

Ce mal eft d'autant plus grave que,
le maigre nourriffant moins que le
gras , on en mange ordinairement

davantage, & on augmente infensi-
blement les caufes & le foyer d'une
inflammation générale.

La cuifine en maigre ne fera donc
vraiment faine & reftaurante, qu'autant qu'on ufera des beurres, huiles,
fels & aromates avec une prudente
économie, & qu'on évitera toute efpece de torréfaction dans la cuiffon
des alimens.

CHAPITRE II.

Des Bouillons de Poiffon & Légumes.

DE tous les potages maigres, le
bouillon de poiffon eft celui qui offre
le plus de fubftances & de fucs nutritifs lorfqu'il eft fait avec foin : il fert
également de bafe & de délayant
pour mouiller toutes fortes de potages

maigres , & nourrir toutes les entrées
en maigre , &c. Voici la maniere de
le faire bon.

Mettez dans une marmite des navets, carottes, céleri & petits oignons,
après les avoir blanchis ; mouillez-les
avec de l'eau bouillante , un peu de
fel & un clou de girofle ; faites cuire
& rôtir fous la cendre deux ou trois
carottes & quelques oignons ; nétoyez-les & les jettez dans la marmite y bouillir avec votre potage, &
lui donner une belle couleur dorée &
favoureufe, faites-le bouillir cinq ou
fix heures, & le paffez au clair dans
un gros tamis.

Faites enfuite fuer en cafferole des
oignons coupés par tranches , & quelques tronçons de carpe , brochet, tanche , perche où autre poiffon avec
un peu de beurte & de perfil ; lorfqu'ils auront rendu du jûs , mouillez-
les avec le bouillon de légumes ci-

deſſus , & faites bouillonner le tout doucement & à petit feu pendant une heure ; paſſez-le au tamis , & vous en ſervez pour compoſer toutes ſortes de potages maigres , & pour nourrir toutes vos entrées.

On aura attention que les oignons en caſſerole ne s'y prennent pas en roux : c'eſt un potage délicat & ſain.

Lorſque les tronçons de poiſſon ſont gros , on leur donnera quelques coups de hache pour en rompre les groſſes arêtes , & en faire mieux ſortir les ſucs.

Bouillon de Légumes.

Lavez deux litrons de pois ſecs dans pluſieurs eaux chaudes , en les frottant entre vos deux mains ; jettez tous ceux qui ſurnageront après les avoir frottés , & faites cuire dans trois ou quatres pintes d'eau bouillante ceux qui resteront au fond de l'eau tandis que vous les lavez ; laissez-les bouillir trois ou quatre heures , & lorsque le bouillon aura pris du corps & un bel œil jaune , salez-le & y ajoutez un peu de thym ; un quart-d'heure après passez-le au tamis , & vous en servez, soit à composer des potages maigres , soit à mouiller vos braises & autres entrées en maigre.

Les pois peuvent se servir entiers, en les fricassant au beurre avec des fines herbes , &c. ou bien se mettre en purée , en les passant & bourrant bien au travers d'une passoire ; ces purées servent à garnir des-potages de santé ; mais il faut les tenir claires.

Bouillon de Racines.

Ratissez soigneusement des navets, des panais , des carottes , salsifis & d gros radis noirs ; ajoutez-y quelques petits oignons & une branche de céleri.

Faites blanchir vos racines , & les mouillez avec le bouillon passé au clair de vos légumes, (*article précédent*).

Faites rôtir sous la cendre brûlante quelques carottes & panais ou oignons ; nétoyez-les & les mettez dans votre marmite aux racines , en leur laissant un peu du rissolé qu'ils auront pris en rôtissant, ce qui donnera une couleur superbe à votre bouillon de racines ; laissez bouillonner & mitonner lentement le tout dans deux ou trois pintes de bouillon des légumes ; lorsqu'il aura cuit cinq heures à petit feu , passez-le au clair , & vous en servez à composer vos oilles & autres potages maigres.

Ces bouillons sont agréables & très-sains : ils réunissent beaucoup de substance.

On peut faire le bouillon de racines tout uniment dans de l'eau bouillante, avec un peu de sel & un soupçon de poivre: il sera très-bon, mais
pas aussi succulent que lorsqu'on emploie du bouillon farineux pour les
faire cuire.

CHAPITRE III.

Des Jus de Racines & de Poissons.

Jus de Racines.

FAITES rôtir sous la cendre des
panais & oignons, nétoyez-les & les
coupez par tranches dans une casserole; lorsque vos racines commenceront à rendre du jus coloré d'un beau
brun doré, mouillez-les avec un verre

du bouillon clair des pois (ci-deſſus);
faites bouillir encore un quart-d'heure
avec un peu de ſel & un clou de gi-
roſle piqué dans un oignon ; paſſez
enſuite votre jus de racines au travers
d'un torchon blanc ou d'un gros tamis, en boutant les racines écraſées,
& exprimant à force tout le jus qu'elles peuvent renfermer dans leurs parties fibreuſes.

Ce jus de racines eſt ſubſtantiel ,
délicat & ſalutaire.

On évitera ſoigneuſement de faire
rouſſir & torréfier les racines en caſſerole , uſage dangereux , dont l'âcreté
produit & multiplie la foule des maladies inflammatoires.

Jus de Poiſſon.

Faites fondre en caſſerole des tranches d'oignon ; lorſqu'elles auront
rendu leur ſuc, ajoutez-y un morceau

de beurre, & y faites revenir plufieurs petits poiſſons ou tronçons de
carpes , tanches , perches ou autres
eſpeces quelconques ; lorſqu'on s'ap-
percevra qu'ils commenceront à s'a-
mortir & à rendre leur jus, mouillez-
les d'un verre de bouillon de racines ,
& les faites bouillir une demi-heure ;
ajoutez-y un verre de vin blanc & un
peu de jus de citron ; laiſſez bouillir
encore une demi-heure ; paſſez alors
votre jus avec forte expreſſion dans
un gros tamis , ou bien à la preſſe ;
& il vous ſervira à nourrir & donner
un bon corps à vos hors-d'œuvres &
entrées maigres.

On l'emploie auſſi à fortifier les
potages pour les rendre plus reſtaurans.

Conſommé de Poiſſon.

Choiſiſſez des tanches , carpes ;

perches, anguilles ; brochets & autres
poiſſons d'eau douce les plus forts en
chair ; nétoyez-les ſoigneuſement, &
les coupez par tronçons d'une moyenne
groſſeur, afin qu'ils puiſſent ſe ſervir
ſur table ; faites-les ſuer une demi-
heure dans une grande caſſerole foncée d'un lit d'oignons coupés par
tranches, & d'une ou deux carottes
coupées en zeſtes.

Quand le tout commence à bien
ſuer, ajoutez-y un morceau de beurre,
& faites ſuer encore un quart-d'heure ;
mouillez les avec le bouillon de poiſſon, & faites bouillonner le tout lentement une petite heure ſur un feu
très doux, dans un vaiſſeau bien couvert, comme ſi c'étoit du bœuf à la
mode.

Le bouillon qui s'en formera aura
beaucoup de ſucs & de corps ; il of-
frira non ſeulement des conſommés
très-nourriſſans, mais encore un beau

jus propre à accommoder beaucoup d'hors-d'œuvres , entrées ou autres potages en maigre.

Les tronçons de poiſſons peuvent ſe ſervir dans le propre jus qu'ils auront rendu , & donner pluſieurs ſortes d'entrées agréables & ſaines , d'autant d'eſpeces qu'il y a de ſortes de poiſſons.

Du Blond en maigre.

Pour donner plus de corps aux potages & aux entrées , on ſupplée au blond de veau par le blond en maigre. Il ſe compoſe de la maniere ſuivante:

Faites fondre en caſſerole un quarteron ou une demi-livre de beurre frais manié avec de la fleur de farine ; laiſſez-le cuire lentement juſqu'à ce qu'il commence à devenir d'un jaune foncé ; mouillez-le alors avec le bouillon de racines ou du bouillon de poiſſon & un demi-verre de vin blanc, ſel & poivre ; faites bouillir une demi-heure juſqu'à ce qu'il ait un bon corps, & le paſſez au tamis.

Il eſt délicat & aſſez ſain : on évitera les épiceries & aromates qui y ſont inutiles & dangereux.

CHAPITRE IV.

Des Purées & Coulis maigres.

Purée de petits Pois.

FAITES fondre un peu de beurre manié en caſſerole dans un verre de bouillon de racines ou de poiſſon ; faites-y revenir un ou deux litrons de pois verds, & les laiſſez bouillir juſ-

qu'à ce qu'ils foient bien cuits & pa-
roiffent tomber d'eux-mêmes en purée : il faut avoir foin de les faire fauter ou retourner fouvent , de peur
qu'ils ne fe prennent au fond.

Bourrez-les au travers d'une paffoire , en mouillant de tems en tems
le marc avec du bouillon maigre ;
faites réchauffer votre purée , & vous
en fervez à garnir vos potages , entrées & hors-d'œuvres , &c. &c.

Cette efpece de purée eft une des
plus agréables & des plus faines : elle
eft adouciffante , & fe digere avec
facilité quand on n'en mange pas avec
excès.

Purée de Lentilles.

Mondez-les , lavez-les dans plufieurs eaux tiedes , en les frottant entre les mains , & les faites bouillir
tout fimplement avec du bouillon

maigre, ou avec de l'eau bouillante, quand on n'a pas de jus de poisson, &c.

Lorsqu'elles seront bien cuites, pilez-les dans un mortier & les passez au tamis de crin, en les bourrant avec une cuiller, & les mouillant de tems en tems; recueillez-en la purée pour l'employer à tout ce que vous voudrez.

Il est bon d'ajouter un brin de sarriette aux lentilles tandis qu'elles bouillent; cela en releve le goût & en facilite la digestion.

Coulis d'Haricots verds.

Il se prépare exactement de la même maniere que la purée de petits pois; ils donnent un coulis blond d'un goût assez agréable, mais sujet à donner des vents & à troubler la digestion des autres alimens: c'est pourquoi il feroit avantageux aux perfonnes délicates d'en faire rarement ufage.

Purée de Feves de Marais.

Prenez des feves de marais en coffe, écalotez-les, & rejettez toutes celles qui font gâtées; faites-les blanchir un inftant & cuire à l'eau bouillante avec un morceau de beurre, fines herbes & un brin de farriette.

Quand elles feront bien cuites, fortez-les, égouttez-les bien & les pilez au mortier, ou bien bourrez-les dans une paffoire, en les nourriffant avec du bouillon de poiffon, s'il y en a : tirez-en une purée que vous emploierez à garnir foupes, potages, hors-d'œuvres, &c. en obfervant qu'elle foit d'un verd pâle, & très-légere, plutôt un peu claire que trop épaiffe.

Elle eſt agréable & ſaine, mais un peu venteuſe.

Purée de Navets.

Elle ſe fait en maigre de la même maniere qu'en gras, excepté qu'après avoir fait bouillir vos navets dans de l'eau bouillante, avec quelques tronçons de menu poiſſon, on peut les bourrer tout uniment au tamis de crin pour en exprimer la purée.

Purée de Marrons.

Faites rôtir des marrons au four ou ſous la cendre, dépouillez-les de leurs peaux, & les faites cuire dans une petite marmite avec du jus ou bouillon de poiſſon.

Lorſqu'ils feront bien cuits, pilez-les & les mettez dans une petite caſſerole, avec du bouillon de poiſſon, achever de s'y réduire en purée douce

& moëlleuſe ; laiſſez-la mitonner une demi-heure à petit feu, en la remuant ſouvent de peur qu'elle ne s'attache au fond , & vous finirez par la paſſer au travers de l'étamine ou du tamis de crin.

Elle s'emploie avec toutes ſortes de poiſſons.

Purée aux Amandes.

Prenez la mie d'un petit pain mollet, & la faites cuire dans une pinte de bon bouillon de poiſſon ; laiſſez-l'y mitonner juſqu'à ce qu'elle y ſoit quaſi fondue ; mêlez-y alors quelques amandes douces bien pilées avec deux amandes ameres & trois jaunes d'œufs délayés avec le même bouillon.

Faites bien lier le tout enſemble & le paſſez à l'étamine, en le mouillant avec du bouillon maigre lorſqu'il ſera trop épais.

Observations.

En suivant les mêmes procédés, on peut composer des purées de toutes sortes de légumes & de graines potageres , telles que les purées de riz, de pommes de terre , d'oseille, d'artichauts, d'asperges , de cardons d'Espagne , &c. Pour les rendre nourrissantes & d'un goût délicat , on les nourrira avec du bouillon de poisson.

On évitera soigneusement l'usage des roux en maigre , ainsi que la pratique meurtriere des blancs , qui ne font autre chose que des colles fabriquées avec de l'amidon bouilli dans l'eau ou le bouillon maigre , afin de lui donner un corps leger & un œil transparent.

Les blancs composés avec des peaux d'anguilles, ou les extrémités des poif-

fons de mer , font bien préférables ;
plus délicats & moins dangereux : ils
font plus longs à faire ; mais un habile
Cuisinier , qui fait en faire ufage à
propos , en recueillera une foule
d'avantages précieux à la conservation
du goût & de la fanté.

CHAPITRE V.

Des Potages maigres.

Potage au Riz

LAVEZ du riz fultan dans plufieurs
eaux tiedes, en le frottant bien entre
vos mains ; faites-le crever & cüire
dans une pinte de bouillon de poiffon
(décrit ci-deffus), & le laiffez fe
cuire & bouillir doucement une bonne
heure.

Faites suer en casserole une carpe
de riviere ; mouillez-la d'un peu de
bouillon maigre , & la laissez cuire
entiérement ; pilez dans un mortier
huit œufs durs , en les mouillant avec
un peu de lait du jour ; ajoutez-y la
chair de votre carpe , dépouillée de
ses nageoires, arêtes , &c. mêlez-en
les filets avec vos œufs , & pilez le
tout ensemble ; lorsque cela vous aura
produit une pâte d'un beau blanc de
lait , vous la mélangerez avec votre
riz , & ferez mitonner le tout une
demi-heure ; passez à l'étamine , &
le tenez chaudement un instant avant
de servir.

Ce même potage au riz s'emploie
souvent , dans les bonnes cuisines , à
nourrir moëlleusement beaucoup d'entrées ou hors-d'œuvres en maigre :
c'est précisément ce qu'on appelle le
coulis vierge , parce qu'il est d'un
blanc de neige.

Ce potage eſt enfin un des plus reſtaurans & des plus délicats de la cuiſine moderne.

Potage aux Choux.

Nétoyez & faites cuire des choux dans du bouillon de poiſſon avec un bouquet de fines herbes & un peu d'eſtragon ; laiſſez-les mitonner deux heures , & quand ils feront tendres & bien nourris , foncez une foupiere de croûtes rôties , mouillez-les avec votre potage aux choux , & dreſſez au-deſſus les choux les plus tendres.

Potage très-fain.

Potage aux petits Pois.

Faites bouillir des petits pois verds dans du bouillon de poiſſon , & les laiſſez mitonner pendant deux heures ; égouttez les & les paſſez en purée au travers d'une paſſoire ou d'un tamis , obfervant d'en garder entiers deux cuillerées des plus petits pour les mettre fur la purée après qu'on l'aura employée à garnir le potage.

Excellent & falutaire.

Potage aux Navets.

Faites revenir des navets de Provence dans un peu de beurre fondu, jufqu'à ce qu'ils y foient attendris & aient pris une belle couleur dorée ; mouillez-les avec du bouillon de poiffon, & les laiffez cuire deux bonnes heures à petit feu ; formez-en votre potage, en arrofant des croûtes rôties avec fon bouillon, & verfant les navets deffus en guife de garniture.

C'eft un potage délicat & fain.

Potage à la Julienne.

Prenez quelques pointes de céleri,

de

des cœurs de laitue , de l'oseille fraîche , panais , carottes , oignons , &c.
faites bouillir tous ces légumes dans
d'excellent bouillon de poisson , après
les avoir fait revenir un instant dans
du beurre fondu.

Laissez-les mitonner deux heures
dans le bouillon maigre, & vous en
servez pour garniture à former vos
potages avec de belles croûtes rôties
au four.

On peut quelquefois y ajouter &
masquer les légumes avec une purée
de petits pois ou de fines herbes.

Excellent potage.

Potage aux Asperges & culs d'Artichauts.

Choisissez de petites asperges & en
coupez tout le verd en forme de petits pois ; coupez également en quatre
ou en huit des culs d'artichauts verds ,

& faites revenir le tout dans d'excellent beurre pendant cinq ou six minutes ; mettez-le dans une marmite & le
mouillez de bouillon d'oille maigre
ou de poisson ; faites mitonner une
heure & en formez un potage.

Il sera délicieux & sain.

Potage aux Ecrevisses.

Préparez d'abord un potage au riz
comme ci-dessus.

Faites suer une carpe & d'autres
menus poissons dans une casserole
foncée de carottes & oignons coupés
par tranches, mouillés avec du bouillon de légumes ou de poisson ; quand
la carpe sera cuite, sortez la, & jettez dans le bouillon une douzaine
d'écrevisses écrasées toutes en vie à
coups de rouleau.

Lorsqu'elles y auront bouilli un
quart-d'heure, & rendu leurs sucs,

paffez votre bouillon & vous en fervez à tremper vos croûtes pour en former un potage.

On l'emploie fouvent avec fuc-cès à nourrir des entrées & hors-d'œuvres en maigre.

Il eft excellent & falutaire.

Potage de Citrouille.

Coupez en gros dés une tranche de citrouille, & la faites bouillir dans de l'eau avec du beurre & un peu de fel; lorfqu'elle fera cuite, mettez-y autant de bon lait qu'il y aura de bouillon de citrouille; laiffez miton-ner un quart-d'heure, & trempez vos croûtes.

Excellent potage de fanté.

Potage au Lait.

Faites bouillir du lait avec du fu-cre & une feuille de laurier amandé;

M ij

étant bouillant , délayez-y deux ou
trois jaunes d'œufs , & vous le ré-
servez à tremper du pain ou des
croûtes.

Fouettez vos blancs d'œufs , faites-
les bouillir dans votre lait, & les
dressez sur un plat à part ; avec le
lait amandé , formez votre potage,
& garnissez le dessus avec vos blancs
à la neige ; poudrez avec du sucre, &
passez une pelle rouge dessus pour
leur donner belle couleur.

Potage très-délicat.

Potage aux Oignons.

Prenez des petits oignons du Berry
ou de la Provence ; s'ils sont gros
comme des noisettes, laissez-les entiers, autrement coupez-les en deux
ou par tranches ; faites - les revenir
dans de bon beurre jusqu'à ce qu'ils
y aient pris une couleur dorée ; mouil-

lez-les avec de l'eau bouillante ou du
bouillon de poisson ; ajoutez-y sel ,
poivre & croûtes de pain rôties ,
avec un filet de vinaigre ; laissez mitonner tout ensemble une bonne
demi-heure & en formez votre potage.

Potage aux Tortues.

Coupez la tête à vos tortues , &
en faites écouler tout le sang ; faites-
les cuire ensuite dans un court-bouillon à l'étuvée; séparez-en les membres ,
& mettez en réserve les entrailles , le
foie & les œufs, que vous ferez cuire
& mitonner dans du consommé de
poisson ou un jus de carpe ; formez
votre potage avec le bouillon , & gar-
nissez-le avec le ragoût de foie ,
œufs , &c. que vous aurez fait cuire
à part.

Excellent & sain.

Bisque de Poisson.

Composez un petit ragoût avec des laitances de carpes, merlans ou autres poissons , des culs d'artichauts ; morilles & quelques écrevisses ; laissez mitonner le tout ensemble, & lorsque vous aurez trempé vos croûtes avec du bouillon de poisson, vous les couvrirez avec votre appareil de laitances, d'écrevisses , &c. & après avoir coupé toutes les pattes à vos écrevisses , vous en ferez une bordure en les rangeant autour de votre soupiere, ce qui lui donnera un beau coup-d'œil.

Potage apparent , délicat & sain.

Profiterole en maigre.

Il se compose de la même maniere que les potages de profiteroles en gras , avec la seule différence qu'on n'y fait entrer que des viandes maigres, des légumes ou des herbages : on les fait mitonner avec du bouillon de poiſſon, & on en varie les combinaiſons à l'infini ſous mille formes ou dénominations différentes que chaque Cuiſinier lui donne ſouvent à ſon gré.

LIVRE XII.

Des Sauces & Entrées en maigre.

CHAPITRE PREMIER.

Des Sauces maigres.

Sauce à tous Mets.

DANS les grandes villes on est
assez dans l'usage de composer une
sauce générale qui entre dans la
combinaison de toutes les entrées :
quand elle est bien faite, elle est plus
saine que tous les coulis, &c.

Dans une chopine de bon bouillon

mélangez un verre de vin blanc ,
fel , poivre , un peu d'écorce de citron , une feuille de laurier & un filet
de verjus ; faites infuſer ſur des cendres chaudes pendant huit ou dix
heures , & la verſez ſur telle viande
gibier , poiſſon ou légumes qu'il vous
plaira.

Elle peut ſe conſerver pluſieurs
jours ſans altération : elle convient
merveilleuſement à ranimer le poiſſon
fade , & à le conſerver dans ſa fraîcheur.

On peut enfin , avec cette ſauce ,
former des liaiſons agréables , en y
faiſant fondre & bouillir enſemble
un morceau de beurre manié de fleur
de farine , juſqu'à ce qu'elle ait acquis
une conſiſtance moëlleuſe.

Cette ſauce eſt très-utile dans les
grandes maiſons où l'on a trente plats
à faire un jour maigre , parce qu'elle

M v

peut fe marier avec fuccès dans toutes les entrées , hors-d'œuvres , &c.

Sauce Italienne.

Faites fondre du beurre dans une cafferole , & y coupez par tranches une douzaine de petits oignons ; lorf-qu'ils auront rendu leur jus , ajou-tez-y des têtes , peaux, arêtes , na-geoires & défoffemens de poiffon de mer ou de riviere , après les avoir hachés groffiérement ; mettez-y auffi quelques tronçons de carpe , panais , carottes & une pinte de bouillon mai-gre pour les mouiller ; faites bouillir lentement le tout trois bonnes heures.

Paffez votre potage au tamis , joi-gnez-y un verre d'huile de Provence , un verre de vin de Champagne & une pincée de coriandre concaffée ; faites mitonner une heure fur un feu doux,

& vous en servez pour toutés fortes
de poiſſons ou d'entrées maigres.

Elle eſt appétiſſante & faine : on
l'emploie à beaucoup d'hors-d'œuvres.

Sauce-Robert.

Hachez de l'oignon par petits dés ;
faites-le revenir dans du beurre fondu
en caſſerole, & l'y retournez ſouvent
juſqu'à ce qu'il ait pris une belle couleur dorée ; mouillez-le avec du bouillon de-poiſſon, ſel, poivre & un peu
de moutarde ; laiſſez mitonner un
quart-d'heure en bouillant lentement,
& la ſervez ſous tel poiſſon qu'il vous
plaira.

Sauce au Brochet, &c.

Coupez une carpe par tronçons ;
faites-les blanchir dans du bouillon
de poiſſon, avec un demi-verre
d'huile, perſil, morilles & capres ;

M vj

laissez bouillir long-tems le tout ; & y ajoutez un verre de vin blanc & une feuille de laurier ; laissez-la cuire & se réduire à la consistance d'un consommé, ôtez-en les tronçons de carpe & servez la sauce très-chaude.

On peut l'employer à beaucoup d'especes de poisson : elle est agréable & saine.

Sauce aux Anchois.

Prenez de beaux anchois gros & vermeils, lavez-en deux ou trois dans plusieurs eaux ; séparez-en la grosse arète du milieu, & les coupez par morceaux au fond d'une casserole frottée d'un morceau de beurre ; mettez-la sur le feu, & vos anchois s'y fondront facilement sans se brûler, pourvu qu'on ait eu l'attention de les remuer souvent avec une cuiller.

Ajoutez-y alors du bouillon, de

poiffon, un demi verre d'huile , un verre de vin blanc; fel ; poivre & une feuille de laurier ; faites bouillir le tout deux bonnes heures à petit feu , en tenant la cafferole couverte ; & lorfqu'elle aura pris une confiftance raifonnable, vous l'emploierez chaude.

On peut faire cuire dedans toutes fortes de poiffons avant d'en faire réduire la fauce ; ils en feront plus fucculens & plus fains , pourvu que les anchois foient fuffifamment deffalés.

Sauce aux Capres.

Elle fe fait préc fément comme la fauce au brochet , avec la feule différence qu'on y ajoute plus ou moins de capres ; mais comme il y a autant de danger à faire ufage des capres que des champignons, il fera toujours prudent de les employer très-rarement.

Sauce à la Génoise.

Faites revenir des capres dans du beurre fondu, après les avoir blanchies à l'eau bouillante ; ajoutez-y un morceau de beurre , persil , ciboule & un verre de bouillon de poisson ; faites bouillir & mitonner une heure : servez chaude.

Sauces piquantes.

Elles se font de même qu'au gras, avec la seule différence qu'on fait usage du bouillon de poisson au lieu du bouillon gras : on peut aussi y employer des jus maigres ou les sucs exprimés des poissons cuits dans très-peu d'eau.

Sauce au Roux.

Maniez un morceau de beurre avec

de la fleur de farine , & le faites fondre dans une casserole sur un feu doux ; remuez le toujours jusqu'à ce qu'il commence à roussir d'un jaune foncé ; jettez-y alors du persil haché , & mouillez avec du bouillon de poisson & un filet de vinaigre ; faites bouillir lentement ; remuez souvent , & quand votre sauce aura pris une bonne consistance , servez-la chaudement sous tel plat de poisson qu'il vous plaira.

Si on desiroit une sauce plus rousse , on pourroit faire roussir le beurre manié jusqu'à ce qu'il fût entiérement brun ; mais outre qu'il perdroit beaucoup de son goût moëlleux , il contracteroit, en se torréfiant, une âcreté dangereuse qui desseche les entrailles & porte dans le sang une inflammation plus ou moins violente , au lieu qu'en le mouillant dès qu'il commence à

paroître d'un jaune foncé, on n'en-
court jamais cet inconvénient.

Sauce blonde.

Faites fondre un morceau de beurre
dans une casserole, saupoudrez-le de
fleur de farine & le laissez frémir &
bouillonner sur le feu jusqu'à ce qu'il
soit devenu jaune comme du safran;
ajoutez-y alors un demi-verre de vinaigre blanc, autant de bouillon maigre, sel, poivre, muscade & trois
jaunes d'œufs que vous délayerez dans
votre sauce; tournez-la sur le feu
jusqu'à consistance moëlleuse: servez-
la chaudement.

C'est une sauce piquante & saine
qui s'emploie volontiers au poisson.

Sauce aux fines Herbes.

Faites fondre du beurre frais manié
de farine; hachez très-fin persil, ci-

boules, échalottes, pinpernelle, estragon, bourrettes & autres fines herbes telles que le cresson, la mâche,
le cerfeuil, &c. faites bouillir le tout
un quart-d'heure, en y ajoutant un
verre de bouillon maigre, & servez
bouillante.

Elle est délicate & saine.

Sauce Angloise.

Faites fondre du beurre dans le suc
exprimé d'un citron ; ajoutez-y sel,
poivre, muscade, un demi-verre
d'eau ; laissez bouillonner un quart-
d'heure, & servez chaud.

Sauce au Citron.

Ayant fait fondre du beurre en
casserole, mouillez-le avec du consommé maigre, & y coupez un citron par tranches, en y laissant très-
peu d'écorce jaune ; tournez-la sur le

feu, & la fervez bouillante avec les
tranches de citron entieres.

Piquante & faine.

Sauce Languedocienne.

Faites fondre du beurre manié de
farine en cafferole, avec perfil, ciboules, une gouffe d'ail écrafée, un
verre de crême blanche & un demi-
verre d'huile d'olive ; lorfque le tout
aura pris liaifon fur le feu, ajoutez-y
fel, poivre, mufcade & un jus de
citron ; laiffez mitonner jufqu'à bonne
confiftance.

Excellente pour la morue & le
poiffon de mer.

Gelée de Poiffon.

Prenez du bouillon de poiffon ;
dans lequel vous couperez une anguille par tronçons ; ayez les extrémités, nageoires, têtes & groffes arêtes

de poiffon de mer ou de riviere ; lavez-les dans plufieurs eaux ; coupez-les par petits morceaux en leur donnant quelques coups de hache ; mettez-les dans votre bouillon , & laiffez le tout bouillir lentement pendant une heure.

Paffez votre potage au tamis , en ne paffant que le plus clair ; remettez-le en cafferole & le faites réduire à feu doux , jufqu'à ce qu'il foit en gelée ou en caramel.

On s'en fert à glacer toutes fortes de poiffons , légumes & autres productions de la cuifine maigre.

Cette gelée ou glace eft infiniment plus faine que tous les coulis pâteux & gluans où le beurre & la farine font faftidieufement prodigués.

CHAPITRE II.

Entrées de Carpes.

Choisissez une carpe grosse & grasse, qui soit fraîche & encore vivante, s'il est possible, ou tout au moins sortie de l'eau depuis peu ; écaillez-la & la vuidez ; hachez du persil, de la ciboule, échalottes, estragon & autres fines herbes ; maniez-les avec un morceau de beurre, & lorsque le tout sera mélangé, mettez-en plus ou moins dans le corps de la carpe.

Placez-la dans un vase où elle puisse tenir dans toute sa longueur, & l'asseyez sur un lit d'oignons coupés par tranches avec deux gousses d'ail entieres, un peu d'écorce d'orange amere, laurier, fel, poivre & une chopine de vin vieux ou une pinte, fuivant la groffeur de la carpe ; ajoutez-y un verre ou deux de bouillon de poiffon, fi vous en avez, à défaut, de l'eau bouillante, & la faites cuire à petit feu pendant deux ou trois heures.

Etant cuite, fortez-la, dreffez-la fur un plat, paffez la fauce au tamis ; faites-la réduire, fi elle eft trop claire, & la verfez fur votre carpe.

C'eft une bonne entrée, faine & reftaurante, qui fournit beaucoup.

Carpe à la d'Eftaing.

Ecaillez, vuidez & ôtez les ouies d'une carpe fraîche, piquez-la avec des lardons de truffes & des filets d'anchois ; rempliffez-lui le corps avec une petite farce maigre, compofée de chair de perche, gardons,

lottes ou autres menus poiſſons hachés avec une mie de pain bouillie
dans du lait ; ajoutez y perſil , ciboules, échalottes , ſel , muſcade,
beurre & trois jaunes d'œufs ; mêlez
bien le tout enſemble pour en farcir
otre carpe .

Foncez une caſſerole ovale avec
oignons , beurre & quelques tranches
de truffes ; placez - y votre carpe ;
après lui avoir ſoigneuſement couſu
l'ouverture du ventre par où vous
l'avez farcie , en faiſant ſortir par la
bouche le bout de petite ficelle qui
reſtera , afin de pouvoir la ſortir de
la caſſerole ſans la briſer ; aſſeyez-la
ſur la feuille de fer-blanc percée à
jour , deſtinée à la porter & à l'enlever
quand on veut , & la mouillez enſuite avec moitié bouillon de poiſſon
& moitié vin de Bourgogne rouge ,
ſel , poivre & muſcade ; faites-la
cuire trois heures , dreſſez-la ſur un

plat & y verfez deffus le court-bouillon qui reftera en cafferole après
l'avoir paffé au tamis.

Carpe au Court-bouillon.

Lavez-la, écaillez-la & la vuidez ;
après lui avoir ôté les ouies, mettez-
lui dans le corps un morceau de
beurre manié de farine ; faites bouillir
un verre de vinaigre & le verfez bouillant fur votre poiffon ; ajoutez-y fel,
poivre, laurier, une chopine de bon
vin & deux tranches de citron ; faites-
la cuire deux heures ; égouttez-la &
la fervez fur une ferviette blanche,
au-deffus de laquelle vous mettrez un
lit de perfil verd.

Entrée faine & délicate.

Carpe au Commiffaire.

Ecaillez, vuidez & ôtez les ouies
d'une belle carpe bien fraîche, dé-

pouillez-la de sa peau sans la déchirer, & piquez-en la chair avec de petits lardons très-fins.

Composez un petit salpicon avec des ris de veau, truffes noires, foies gras, petit lard & restes de volaille ou de menu gibier; hachez le tout par gros morceaux, ou coupez le tout simplement par petits dés, remplissez-en votre carpe, & en cousez l'ouverture.

Foncez une casserole ovale avec deux tranches de lard & deux tranches de veau; placez votre carpe sur la feuille destinée au poisson, & cette feuille sur les tranches de veau & de lard; recouvrez votre carpe de deux belles tranches de veau.

Faites suer le tout ensemble sur un feu doux, & lorsque le veau commencera à prendre de la couleur; versez dans la poissonniere une bouteille de vin de Bourgogne & une pinte de bouillon

bouillon gras , fel , poivre & eftragon ; faites bouillir tout enfemble &
à petit bouillon pendant trois heures.

La carpe cuite , dreffez-la fur un
plat que vous tiendrez chaud ; paffez
la fauce au tamis , faites-la réduire à
bonne confiftance , & la verfez bouillante fur votre poiffon.

On la glace ordinairement avec du
jus de veau confommé , réduit en belle
gelée ou en caramel ; mais il faut qu'elle
ait un bon corps , & qu'elle foit d'un
beau blond doré.

Enfin , on peut accompagner cette
carpe avec des écreviffes , des ris de
veau , des truffes , morilles , culs d'artichauts & de toutes les autres fortes
de garnitures que la faifon peut offrir.

Ce font plufieurs groffes entrées
très-variées , qui font faines & très-
reftaurantes.

Etuvée à la Vénitienne.

Ecaillez, vuidez & séparez les ouies d'une belle carpe, lavez-la avec un petit verre de rissolis ou de bonne eau-de-vie, & l'assaisonnez modérément en dedans & en dehors ; asseoyez-la dans la poissonniere sur un lit d'oignons blancs coupés par tranches, & toutes sortes de fines herbes ; faites suer le tout un gros quart-d'heure ; mouillez votre poisson d'une pinte de vin blanc, un verre d'eau, deux anchois pilés & un morceau de beurre manié de fleur de farine ; laissez cuire le tout à petit feu ; & lorsque le poisson sera cuit, & la sauce réduite à bonne consistance, dressez votre carpe & passez votre jus au tamis pour en couvrir votre poisson.

C'est une excellente entrée, qui

reunit à la fois la délicateſſe & la ſalubrité.

Carpes farcies.

Choiſiſſez des carpes d'une livre &
demie à deux livres , nettoyez-les &
leur ôtez propremeut la peau ſans la
déchirer , depuis le deſſus de la queue
juſqu'à la tête , ſans y faire aucune
entaille avec le couteau dans toute ſa
longueur.

Séparez-en toute la chair , & avec
d'autres menus poiſſons, perſil , ciboules , ſel , poivre, muſcade & jaunes d'œufs; compoſez-en une bonne
farce bien moëlleuſe , en pilant le tout
enſemble ; rempliſſez-en la peau de
vos carpes dans toute leur longueur ;
recouſez-en l'ouverture ſur le bout
même de la queue , en obſervant de
leur donner exactement la forme d'une

carpe ordinaire ; faites - les cuire au
four de campagne ou dans une braise
en maigre foncée de petits oignons &
de jus ou de bouillon de poisson, dans
lequel vous mettrez quelques laitances
pour garniture : servez-la très-chaude.
Bonne entrée délicate & saine.

Carpe en Matelotte.

Coupez par morceaux de moyenne
grosseur quelques perches , anguilles , petits brochets , tanches , &c.
& les faites revenir avec quelques petits oignons blanchis, assaisonnés modérément , & y asseoyez votre carpe
avec vos laitances autour ; mouillez-
la avec moitié vin & moitié bon
bouillon (à défaut de l'eau) ; ajoutez-y un morceau de beurre manié ,
& faites cuire à gros bouillons ; lorsqu'elle sera à demi cuite, mettez-y

deux feuilles de laurier à ragoût &
des petits croûtons de pain grillés ;
achevez de faire cuire à petits bouillons , & lorſque votre ſauce ſera réduite , vous ſervirez votre carpe en
matelotte dans un plat bien chaud.

On peut y ajouter toutes les garnitures en maigre que la ſaiſon peut
offrir.

C'eſt une entrée délicieuſe , très-
eſtimée des amateurs de poiſſon.

Carpe à la Daube.

Ecaillez , vuidez & nettoyez une
belle carpe : ſi elle eſt vieille , il faut
la dépouiller de ſa peau , autrement
cela n'eſt pas néceſſaire ; piquez-la
avec de gros lardons & la faites cuire
dans de bon bouillon , avec une
pinte de vin de Champagne , ſel ,
poivre , coriandre & un jus de citron.

Faites-la bouillir lentement juſqu'à ce qu'elle ſoit tendre & la ſauce
réduite à bonne conſiſtance : ſervez
chaud.

Bonne entrée de ménage très-
ſaine.

Carpe au Blanc.

Nettoyez-la & la faites cuire ſur un
lit de petits oignons, avec un bon
morceau de beurre manié de fleur de
farine ; mouillez de deux verres de
vin blanc & un verre d'eau ; faites
bouillir à gros bouillons pendant une
heure & demie ; étant cuite, & la
ſauce liée, ſervez-la dans un plat
chaud : on obſervera que la ſauce ne
ſoit pas trop épaiſſe.

Entrée ſimple & apparente.

Carpes à la Savanah.

Prenez au filet de belles carpes en vie, écaillez-les & les nettoyez avec un coin de torchon trempé dans de l'eau-de-vie ; coupez-les par morceaux de différentes grosseurs, & les mettez en casserole ou dans des petits chaudrons de marinier, au fond desquels il y aura deux ou trois douzaines de petits oignons blancs à demi cuits sous la cendre ; assaisonnez-les de sel, poivre, laurier & écorce de citron ; versez dessus assez de vin pour que votre poisson en soit couvert ; faites bouillir le tout ensemble à gros bouillons durant deux heures, & sur la fin ajoutez-y quelques croûtons de pain grillés.

Le poisson cuit & la sauce réduite, versez le tout ensemble dans un grand plat, & le fervez très-chaud à vos convives.

C'eſt une excellente maniere de mang.r le poiſſon en entrée. On peut y mélanger tout le poiſſon que l'on veut.

Etuvée de Carpe.

Faites fondre en caſſerole un morceau de beurre manié de fleur de farine ; Lorſqu'il fera un peu roux, feulement d'un jaune clair, mouillez-le d'un verre de bouillon maigre, & y ajoutez quelques petits oignons coupés par tranches.

Placez-y une groſſe carpe fraîche, avec fel, poivre, laurier & une pinte de bon vin rouge ; faites-la bouillir lentement juſqu'à cuiſſon parfaite & fauce réduite.

Carpe grillée.

Vuidez la, coupez-lui le bout de
la queue & les nageoires en entier ;
mettez-lui dans le corps un morceau
de beurre manié avec de fines herbes ;
recoufez-en l'ouverture & lui faites
fur les deux côtés des entailles pro-
fondes de quatre lignes ; frottez-la
avec un morceau de beurre frais, &
la panez par-tout avec de la mie de
pain & perfil haché très-fin.

Faites-la griller fur un feu doux ;
& la fervez en entrée, accompagnée
de telle fauce qu'il vous plaira.

Carpe en Redingotte.

Préparez-la exactement comme la
carpe grillée, en lui mettant dans le
corps une petite farce compofée à la
volonté & fuivant le goût des convi-

ves ; cifelez-la fur le dos & la frottez par-tout avec du beurre frais ; puis vous la panerez avec de la mie de pain & du cerfeuil haché très-fin & manié avec du beurre ; couvrez le tout avec une feuille de papier blanc ; & y enveloppez votre carpe panée en maniere de papillotte, & la faites cuire à petit feu dans une grande léchefrite.

Verfez deffus telle fauce qu'il vous plaira en les fortant de leur redingotte.

C'eft une entrée reftaurante & faine.

Carpe glacée.

Nettoyez une carpe & lui ôtez fa peau proprement fans la déchirer ; piquez-la de petits lardons comme un lapereau, & lui mettez dans le corps

une petite farce ; faites-la cuire dans
du vin blanc & bouillir à gros bouillons. Egouttez-la.

Placez au fond d'un plat une farce
déliée , que le beurre ne soit pas dominant ; couchez-y votre carpe & la
couvrez de deux tranches de veau
sur lesquelles vous mettrez une feuille
de papier beurré.

Faites-la cuire à un four doux, &
lorsqu'elle sera cuite à point , ôtez en
les tranches de veau & les glacez
avec un jus de carpe ou de poisson réduit en glace bien consistante.

C'est une entrée apparente & très-
délicate.

Carpes habillées aux Anguilles.

Nettoyez & faites cuire dans une
grande casserole des carpes entieres
& des grosses anguilles coupées par

tronçons ; dépouillez vos anguilles
de leurs grosses arêtes , & faites cuire
le tout avec du bouillon gras ou maigre , du vin blanc & des fines herbes.

Etant cuites , dressez vos carpes &
les habillez proprement avec vos
tronçons d'anguilles ; faites réduire
la sauce & la servez sur votre poif-
son.

C'est une maniere agréable de fervir la carpe en surprise : elle a beaucoup d'apparence.

CHAPITRE III.

Entrées de Perches & de Truites.

Perches au Reſtaurant.

Ecaillez & nettoyez vos perches ;
ſi elles ſont groſſes, faites-les mariner dans une ſaumure bouillante ; ſi
elles ſont petites, cela n'eſt pas néceſſaire.

Faites fondre en caſſerole un morceau de beurre manié ; lorſqu'il commencera à varier, en le remuant toujours avec une cuiller, verſez-y du
jus de poiſſon ou d'excellent conſommé, avec ſel, poivre & un filet
de vinaigre ; faites-y cuire vos perches

à petit feu, & lorfqu'elles auront
leur degré de cuiffon, dreffez-les fur
un plat, & verfez la fauce deffus.

Entrée appétiffante & faine.

Perches au Court-bouillon.

Choififfez de belles perches, vuidez-les & en rejettez les ouies, en
les lavant avec un peu de vinaigre.

Placez - les en cafferole, avec du
beurre manié de fines herbes & de
petits oignons blancs ; mouillez-les
avec du vin blanc ; étant cuites à
leur point, égouttez-les & les fervez
à fec fur une ferviette blanche placée
dans un plat.

Entrée fimple & falutaire aux convalefcens.

Perches à la Gardiane.

Ecaillez, vuidez & nettoyez de

belles perches , faites - les mariner cinq minutes dans du beurre fondu , avec des fines herbes hachées , fel , poivre & coriandre pilés.

Placez-les avec leur marinade dans un vaiffeau qui ferme bien ; étouf-fez-les & les placez fur des cendres chaudes pour y prendre une cuiffon lente & un bon fumet.

Etant à moitié cuites , verfez dans le vaiffeau un bon jus de veau ou de poiffon ; & remuez la tourtiere pour leur faire prendre goût , jufqu'à ce qu'elles foient entiérement cuites : fervez-les bouillantes.

C'eft une excellente maniere de les manger en entrées : elles font faines , reftaurantes & très - appétif-fantes.

Perches aux fines Herbes.

Ecaillez & vuidez des perches de demi-livre ou environ, faites-les mariner dans de l'huile d'olive, avec persil, sel, poivre & fines herbes hachées très-fin ; une demi-heure après vous les panerez avec de la mie de pain pulvérifée & des fines herbes hachées & mêlées dans la mie de pain.

Faites-les griller fur un feu doux, & lorfqu'elles auront acquis une jolie couleur, vous leur donnerez telle fauce que vous voudrez.

Perches à la Menehoult.

Ecaillez, vuidez & nettoyez vos perches, reffuyez-les & les faites mariner dans du beurre fondu, avec persil, cibouhe & eftragon hachés

très-fin & une bonne pincée de coriandre pilée; lorfqu'elles auront mariné un quart-d'heure fur des cendres
chaudes, étouffez-les dans le même
vafe, & les faites cuire à petit feu,
en les y retournant de temps en
temps.

Etant cuites, prenez le fond des
fines herbes pour en compofer une
fainte-menehoult; panez vos perches
& leur faite prendre au four une belle
couleur, ou bien mettez-les cinq minutes fous une tourtiere avec feu
deffus & deffous, & les fervez enfuite fur telle fauce que vous voudrez.

Elles font faines & délicates.

Perches glacées.

Après les avoir écaillées, ôtez-leur
la peau du deffus jufqu'à la tête; pi-

quez-les de menu lard ou bien avec
des filets d'anchois & de truffes cuites fous la cendre ; faites-les cuire à
l'ordinaire & les finiffez comme les
carpes piquées & glacées ci-devant.

On leur donne une fauce au verd-
pré ou un beau jus de carpe ou de
tout autre poiffon réduit au caramel ,
& on lés glace de toutes parts comme
fi c'étoit un lapereau glacé.

Perches à l'Alfan.

Nettoyez-les à l'ordinaire, & les
faites bouillir dans l'eau , avec fel &
un verre de vinaigre , perfil & un
bouquet de fines herbes ; entretenez
le bouillonnement égal & vif jufqu'à
ce qu'elles foient cuites ; fortez-les
de l'eau & les fervez dans telle fauce
maigre qu'il vous plaira.

Perches au Cardinal.

Ecaillez-les & les nettoyez avec un linge imbibé de vinaigre ; faites-les cuire dans un court-bouillón coupé d'un verre de vin du Rhin avec une douzaine d'écreviſſes ; étant cuites, dreſſez-les ſur un plat, & verſez deſſus un coulis compoſé avec le beurre d'écreviſſes, c'eſt-à-dire avec du beurre frais pilé avec des écailles rouges d'écreviſſes, ce qui lui communique une couleur d'écarlate des plus agréables.

On peut les accommoder de même au gras ; elles en feront plus ſucculentes.

Entrée ſaine & apparente.

Perches à la Matelotte.

Commencez pas les bien nettoyer & laver ; faites-les cuire dans du vin

blanc, avec moitié eau ou bouillon
de poiſſon, une cuillerée d'huile,
ſel, poivre, petits oignons & une
anguille coupée par tronçons; étant à
demi-cuites, ajoutez-y du jus de poiſſon & un peu de perſil haché ; achevez
de cuire, & les ſervez dans leur-pro-
pre ſauce.

C'eſt une entrée ſaine des plus agréables & très-copieuſe ; on peut la rendre plus forte, en y ajoutant d'autres
menus poiſſons, culs d'artichauts,
morilles, croûtons ou autres garnitures.

Perches à l'Eau.

Nettoyez les à l'ordinaire & les
faites cuire en caſſerole, avec beurre,
perſil, ciboules, ſel, poivre & tranches de citron, & aſſez d'eau pour
qu'elles y baignent à l'aiſe ; laiſſez-

les cuire fur feu doux , & les fervez dans un peu de court-bouillon ou une fauce blanche.

Bonne pour des convalefcens.

Truites à la Mariniere.

Ecaillez de jolies truites & les vui-dez en paffant le doigt par les ouies ; gliffez-leur dans le corps un morceau de beurre manié avec de fines herbes , fel & poivre ; mettez-les cuire dans du vin blanc , de forte qu'il furnage d'un pouce vos truites ; ajourez - y fel , poivre , mufcade , oignons & croûtons de pain ; faites - les cuire à grand feu , la cafferole découverte ; & fi le feu ne prend pas au vin , vous l'y mettrez avec un morceau de pa-pier allumé.

Lorfqu'elles feront cuites à leur point , & leur fauce diminuée , ajou-

tez-y un morceau de beurre manié ,
pour en former une liaison douce &
moëlleuse ; le tout fini, dreſſez vos
truites dans un plat , & les arroſez
de la ſauce réduite à bonne conſiſtance.

C'eſt une entrée ſaine , délicate
& appétiſſante , qui ne demande pas
beaucoup de temps : on la rendroit
bien plus moëlleuſe ſi on y ajoutoit
un bon jus de carpes.

Truites au Court-bouillon.

Vuidez-les par les ouies & les lavez ſoigneuſement ; placez-leur dans
le corps un morceau de beurre manié
avec fines herbes , ſel & poivre , &
les placez ſur la feuille dans une
poiſſonniere ; arroſez - les de deux
verres de vinaigre bouillant, & les y
laiſſez mariner un bon quart-d'heure.

Faites un court-bouillon en casserole avec du vin blanc , & lorsqu'il
sera doux & bouillant , mettez-y cuire
vos truites ; égouttez-les & les servez
à telle sauce que vous voudrez.

Saine & très-délicate.

Truites aux Truffes.

Elles doivent d'abord se piquer &
être remplies d'une farce fine de truffes , puis on les fait cuire dans une
braise avec du vin , truffes , oignons
blancs & culs d'artichauts , sel & poivre ; achevez-les en les couvrant d'un
petit ragoût de truffes en tranches ,
accommodées au gras ou au maigre.

Elles sont très-délicates , mais
échauffantes.

Truites glacées.

Elles se préparent & se finissent

exactement comme les perches glacées annoncées dans ce chapitre.

Truites à la Vénitienne.

Ecaillez, vuidez & lavez de moyennes truites, cifelez-les fur le dos , &
leur faites entrer dans le corps un
morceau de beurre manié avec de
fines herbes; marinez-les une demi-
heure dans de l'huile d'olive , puis
panez-les avec dela mie de pain & des
fines herbes ; faites-les griller à petit
feu , & les fervez avec une fauce dans
laquelle vous aurez fait bouillir deux
tranches d'orange avec leur écorce.

Truite au gras.

Nettoyez-les & les remplifſez d'un
bon godiveau haché & nourri de petit lard ; faires-les cuire dans de bon
bouillon gras ; avec un demi-verre de
vin

vin de Malaga, fel, poivre & petits oignons ; le poiffon cuit & la fauce réduite, fervez-les dans leur propre jus.

Entrée faine, reftaurante & convenable aux eftomacs délicats ou affoiblis.

CHAPITRE IV.

Entrées de Brochets.

Brochet riffolé.

Ecaillez un brochet & le vuidez proprement ; piquez-le avec des lardons d'anguilles & d'anchois coupés par filets ; rempliffez-le d'une farce maigre, & le faites mariner une

Tome III.

heure dans du beurre & des fines
herbes.

Mettez-le à la broche & l'enveloppez d'un papier beurré ; pour l'y sou-
tenir vous ferez une seconde brochette en bois, que vous entrerez par
l'ouie & ferez fortir vers la queue ;
attachez les deux bouts de cette broche pour que le brochet n'y varie
pas.

Faites fondre du beurre dans la
léchefrite avec nn demi-septier de vin
blanc, & arrofez-en votre Brochet à
mefure qu'il fe rôtit, & le fervez fur
une fauce compofée de beurre , carpes & anchois fondus enfemble , &
délayez avec un bon jus de carpe ou
d'autre poiffon ; la fauce liée, fervez-
la fur votre brochet forti du papier.

Entrée apparente, délicate & faine ;
elle demande un peu de foin.

Brochet au Jus.

Piquez un beau brochet avec du petit lard, foncez une poiſſonniere ou une caſſerole ovale avec des tranches de veau & quelques bardes de lard ; couchez votre brochet deſſus & le recouvrez avec veau & lard ; faites-le ſuer à petit feu pendant une demi-heure ; verſez-y enſuite une pinte de vin blanc & chopine de bon bouillon ou conſommé ; fermez bien la poupetoniere & la placez au four ; étant cuit, ſervez-le avec le fond de braiſe & de jus qu'il aura rendu.

Rien de plus ſain ni de plus ſucculent que cette maniere de manger le brochet.

Brochets à l'Italienne.

Ecaillez-les, vuidez-les & les cizez

lez ; mettez-les en cafferole avec de
l'huile d'olive, des oignons blancs
coupés par tranches, une gouffe d'ail,
carottes, laurier, vin blanc & bouillon ou jus maigre, fel & poivre ;
faites cuire à petit feu, dégraiffez &
fervez dans leur propre jus.

Brochets roulés.

Nettoyez-les à l'ordinaire, & les
défoffez proprement, en leur ôtant
toutes les arêtes le plus qu'il fe pourra ;
enlevez auffi un peu de la chair de
brochet, en la prenant du filet le plus
épais qui fe trouve dans fon intérieur ;
hachez-la avec la chair d'une petite
carpe de riviere, & en formez une
farce fine que vous étendrez dans vos
brochets après les avoir applatis au
rouleau.

Roulez-les comme un rouleau de

papier, ficelez-les & les faites cuire
dans du bouillon maigre avec un
verre de vin de Malaga ; étant cuits,
servez-les dans leur sauce ou bien
dans telle autre que vous voudrez.

Entrée délicate & saine.

Brochets entrelardés.

Si vos brochets ne font pas gros ,
il faut les larder avec des filets d'anchois , des filets de petites anguilles
des truffes cuites ; faites-les cuire dans
du bouillon maigre , avec sel, poivre , laurier & un verre de vin blanc :
servez-les dans leur jus.

Brochets en Matelotte.

Nettoyez-les & les coupez par tronçons de moyenne grosseur , & d'une
maniere apparente ; mettez - les en
cafferole avec laurier , une gousse

O iij

d'ail, perfil, ciboule, fel & poivre ;
ajoutez-y quelques oignons blanchis
& une bouteille de vin rouge ; c'eft-
à-dire, fuffifamment pour que le
poiffon y trempe à fon aife ; faites-la
cuire à gros bouillons ; ajoutez-y un
coulis de beurre manié de fleur de
farine, qu'on aura fait fondre à part
& fait rouffir avec telles garnitures
que vous aurez ; faites rebouillir le
tout enfemble une demi-heure, &
fervez tout pêle-mêle dans un grand
plat.

On peut y ajouter beaucoup d'autres fortes de poiffons, tels que perches, carpes, tanches, &c. mais il
fera bon de ne les y mettre que lorfque vos tronçons de brochets auront
commencé à bien cuire, fans quoi les
autres poiffons ne feroient pas affez
cuits.

Groffe entrée excellente & faine.

Brochets à la Gardiane.

Vuidez-les, effuyez-les & les coupez par tronçons de moyenne groffeur; faites-les mariner dans un jus
de citron ou de bon vinaigre; faites
frire des navets dans du beurre, jufqu'à ce qu'ils aient pris couleur &
qu'ils foient blonds; verfez-les en
cafferole avec leur beurre roux; mettez-y refaire vos tronçons de brochet
avec fines herbes hachées, fel, poivre & quelques croûtons; ajoutez-y
un verre de bouillon & un verre de
vin rouge; achevez de cuire, faites
réduire la fauce & la fervez fur vos
brochets.

Ragoût agréable, mais peu fain.

Brochets grillés.

Vuidez-les par l'ouie, coupez-leur

la tête & les faites mariner dans de
l'huile, avec sel, poivre & fines herbes ; panez-les avec de la mie de
pain & les faites griller à petit feu ,
pour les servir ensuite sur une sauce
piquante.

Entrée saine , appétissante & agréable.

Brochets à la Grenade.

Nettoyez un gros brochet & le re-
fendez en deux dans sa longueur ;
ôtez-lui la peau sans le déchirer , &
le piquez avec du petit lard ; faites-le
cuire dans du vin blanc , avec sel ,
poivre, un bouquet de fines herbes ,
quelques tranches de carpes coupées
très-fines , afin d'y rendre du jus ,
chopine de bon bouillon & deux cuillerées d'huile ; faites cuire le tout à
petit feu ; les brochets étant cuits ,

dreſſez-les ſur un plat & paſſez-en la ſauce au tamis ; faites-la réduire au caramel pour en glacer vos bro‐ chets.

Finiſſez-les en leur donnant tout autour une farce d'oſeille au maigre ou au gras, ſuivant le goût & la ſaiſon.

Brochets aux Herbes.

Coupez-les en rouelles & les faites cuire en caſſerole avec huile & fines herbes hachées & aſſaiſonnées de ſel, poivre & anchois ; dégraiſſez-les & les arroſez d'un jus d'orange un quart d'heure avant de ſervir.

Ils ſont ſains & agréables.

CHAPITRE V.

Entrées de Tanches & Lottes.

LA tanche se mange de plusieurs
manieres : on les fait cuire à l'eau,
au bouillon gras, au bouillon maigre,
au vin, à l'huile, dans la graisse blanche, au beurre, &c. il suffit de les
écailler, nettoyer & mettre dans le
délayant qu'on leur destine : ces sortes de préparations sont trop simples
pour avoir besoin d'aucune explica-
tion ; je passe aux manieres plus délicates de les préparer en entrées.

Tanches-farcies.

Nettoyez-les & leur coupez le bout
de la queue & les nageoires, fendez-

les par le dos , & leur ôtez la grosse
arête.

Composez une farce fine avec chair
de carpe , merlan ou tout autre poisson , farcissez-en vos tanches , refermez-les & les recouvrez de fleur de
farine ; faites-les frire dans du beurre
doux , & lorsqu'elles seront cuites
aux deux tiers , vous les mettrez en
casserole avec une cuillerée de bouillon ou de jus de poisson , sel , poivre , fines herbes & laitances ; achevez de les cuire à petit feu , & la
sauce réduite à point , servez - les
chaudes.

Tanches au Jus.

Nettoyez & vuidez vos tanches ;
cifelez-les fur le corps , & garnissez
toutes les entailles avec un morceau
de beurre manié de fines herbes hachées bien menu ; faites-les cuire dans

une chopine de vin blanc, bien étouf-
fées fur cendres chaudes ; lorfqu'elles
feront bien-tôt cuites, ajoutez-y un
jus de carpe ou du jus de veau ; laiffez-les prendre goût un quart-d'heure,
exprimez-y un jus de citron, & les
fervez dans un plat chaud.

Ces deux fortes d'entrées font faines, reftaurantes : on peut leur ajouter, dans l'occafion, des culs d'artichauts & morilles pour garniture.

Tanches au Blond de Poulet.

Nettoyez les & les coupez par tronçons de moyenne groffeur ; faites revenir des culs d'artichauts & morilles
dans un verre d'eau ; mouillez-les
d'un verre de vin, fel & poivre ;
mettez y vos tanches & les y faites
cuire & bouillir de fuite ; finiffez-les
avec une liaifon de trois jaunes d'œufs
& d'un jus de citron.

Tanches en fricaſſée.

Vuidez-les, échaudez-les & leur ôtez la tête, la queue & les nageoi-res; coupez-les en trois ou quatre tronçons, mettez-les fur un plat avec laurier, fel, poivre & un verre de vin blanc.

Faites fondre en caſſerole un mor-ceau de beurre avec une gouſſe d'ail entiere; paſſez-y des morilles bien dégorgées, verſez-y un verre de vin blanc & du jus de poiſſon, avec quel-ques petits oignons & des laitances ou des croûtons de pain grillé; le tout cuit & réduit, ſervez chaudement.

Entrée faine & appétiſſante.

Tanches au Reſtaurant.

Préparez-les & les fourrez comme les tanches farcies; faites-les mariner

avec beurre, perſil, ciboules, ſel &
poivre ; lorſqu'elles y auront pris
goût, panez les avec de la mie de
pain paſſée au gros tamis, & les mettez ſur un plat frotté de beurre frais,
avec des tranches de pain bien beur-
rées des deux côtés coupées très-
minces.

Faites les cuire au four doux, en
arroſant avec du jus de carpe ou de
tout autre poiſſon qu'on aura fait cuire
aux trois quarts, & dont on expri-
mera le jus à la preſſe.

Sortez-les du four & les ſervez dans
un plat au fond duquel vous aurez
verſé un peu de jus.

C'eſt une entrée ſaine, des plus
agréables : elle réunit l'agrément de
la repréſentation à la délicateſſe ; &
lorſqu'elles ont été cuites à propos,
elles doivent être dorées & croquantes, malgré le jus dont on les environne au moment de les ſervir.

Lottes au Restaurant.

Elles se préparent exactement de la même maniere que les tanches, dont nous venons de parler ; il suffira de se conformer aux mêmes détails pour y réussir parfaitement.

Lottes aux fines Herbes.

Nettoyez-les & les mettez en casserole avec échalottes, persil, ciboules & morilles hachées, sel, poivre, muscade & un bon morceau de beurre, le tout bien manié & mélangé ; faites-les cuire sur un feu très-doux, & si on les veut plûtôt cuites, on les recouvre de bardes de lard & d'un couvercle de tourtiere, avec feu doux dessus & dessous.

Etant cuites, vous les dresserez sur un plat & les arroserez avec du jus

de poiffon ou du jus de véau ; fi vous
les voulez au gras , verfez deffus la
fauce dans laquelle elles auront cuit
& les fervez chaudes avec leurs fines
herbes.

Entrée de fantaifie affez appétiffante.

Lottes en Gelée.

Elles fe préparent & fe finiffent
exactement comme les carpes glacées; fi elles font groffes on les pique
& on leur donne telle fauce que l'on
veut , foit graffe ou maigre.

Elles donnent une entrée faine ,
apparente & reftaurante.

Matelotte de Lottes.

Choififfez de belles lottes , nettoyez-les & leur ôtez les foies ; faites-les revenir en cafferole dans une

pinte de vin blanc , avec des petits
oignons blanchis & quelques petites
tanches ou perches , (si c'est une matelotte au gras , on pourra y ajouter
des ailerons de volaille) ; mouillez
avec de bon bouillon , & y ajoutez
ensuite les foies des lottes & quelques
laitances de carpes.

Faites-les cuire à petit bouillon ;
lorsqu'elles seront à point , mettez au
fond du plat où vous devez les servir
cinq ou six tranches de pain rôties ;
placez une lotte sur chaque tranche ,
& achevez de verser tout le reste de
la matelotte dans les entredeux de
vos lottes ; si la sauce étoit trop
épaisse , on y remédieroit facilement
en exprimant dessus un jus de citron.

· **Entrée fort apparente & saine.**

Lottes au Cardinal.

Faites-les cuire dans du vin, avec des écreviffes pour garniture, qu'on rangera tout autour du plat pour en former une bordure en forme de chapeau rouge.

On peut leur ajouter un cordon de truffes noires, cuites fous la cendre & humectées dans le même ragoût.

Lottes glacées.

Echaudez-les, ôtez-en les foies & les entrailles, & les piquez d'un feul côté; poudrez-les de fleur de farine & les faites frire à demi, puis cuire en cafferole, avec morilles, vin blanc, jus de poiffon & gros comme une aveline de colle de poiffon; laiffez réduire la fauce jufqu'à parfaite cuiffon, dref-

fez vos lottes , dégraiffez la fauce &
la fervez fur votre poiffon.

Cette entrée n'eft pas généralement
eftimée , ni des plus faines.

CHAPITRE VI.

Entrées d'Anguilles , Lamproyes , &c.

Anguille à la Tartare.

PRENEZ une belle anguille de riviere ou d'eau vive , (celles qui
viennent dans les eaux bourbeufes &
croupiffantes ne valent rien) ; ôtez-lui
la peau , vuidez-la , faites-lui des
entailles fur tout le corps , que vous
remplirez avec des fines herbes , fel
& poivre ; roulez-la en fpirale & la
faites griller à petit feu.

Compofez enfuite une fauce piquante ou rémoulade pour la fervir deffus : il faut qu'elle foit brûlante quand on la met fur table , car l'anguille froide eft infipide & faftidieufe.

Quoique l'anguille ait une chair gluante & compacte qui la rend d'une digeftion difficile , il eft certain que c'eft peut-être la maniere la plus faine de la préparer.

Anguille à la Broche.

Il faut choifir une belle anguille ; la couper par gros tronçons d'une certaine longueur ; enlevez-lui la peau d'un côté feulement , piquez-la de menus filets d'anchois & la faites mariner un quart-d'heure dans du vinaigre , fel , poivre & petits oignons ; mettez vos tronçons à la broche ;

frottez-les de bon beurre, & les couvrez d'une feuille de papier ; étant
rôtis à point, faites rôtir des tranches de pain frottées de beurre, &
fur chacune une tranche de jambon
grillée ; fervez un tronçon d'anguille
fur chaque tranche de pain grillée, &
les fervez avec telle fauce qu'il vous
plaira.

Anguille en Matelotte.

Elle fe fait exactement comme les
matelottes de brochets ou de carpes,
& demande un peu plus de cuiffon.

Ces fortes de matelottes offrent des
entrées délicates & eftimées.

Anguille glacée.

Prenez une belle anguille & la dépouillez ; fendez-la fous le ventre &
lui enlevez fa groffe arête ; piquez

tout le deffus avec du menu lard, &
la finiffez exactement comme les carpes glacées.

Anguille à l'Italienne.

Dépouillez & vuidez une groffe
anguille, ôtez-lui la tête & la groffe
arête; fendez-la dans toute fa longueur en deux moitiés, étendez-les
ouvertes fur une crêpine blanche.

Compofez une farce fine avec truffes, morilles, culs d'artichauts, fommités d'afperges & queues d'écreviffes, fel, poivre, perfil & jaunes
d'œufs; maniez bien le tout enfemble, & couvrez votre anguille de cet
appareil; fi elle eft groffe, on peut la
piquer avec des filets d'anchois; roulez votre anguille bien ferrée, enve-
loppez-la dans fa crêpine, & fixez-en
les deux bouts avec un peu de ficelle.

Couvrez-la d'une feuille de papier
& la mettez à la broche ; lorfqu'elle
fera cuite à demi , panez-la avec de
la mié de pain & fines herbes hachées ; achevez de lui faire prendre
couleur fans y mettre le papier , & la
fervez fur telle fauce qu'il vous plaira.

C'eft une entrée maigre très-délicate , mais pefante & d'une digeftion difficile.

Anguille en Limaçon.

Otez la peau d'une belle anguille ,
vuidez-la & la fendez fous le ventre
dans toute fa longueur.

Compofez une pêtite farce avec
perfil , mie de pain bouillie dans du
lait , quatre jaunes d'œufs durs , anchois pilés , fel , poivre & un peu de
beutre ; maniez le tout enfemble &
en farciffez votre anguille ; reçouffez-

en l'ouverture & la tortillez autour de sa queue dans la forme d'un coli-maçon.

Faites-la cuire dans du vin blanc, avec moitié bouillon de poisson, fines herbes & très-peu d'assaisonnement, & cuire le tout lentement sur des cendres chaudes.

Lorsqu'elle sera cuite, égouttez-en le bouillon, renversez l'anguille sur un plat, & la servez avec la sauce qui vous plaira le mieux, suivant les productions de la saison.

Lamproie à l'Italienne.

Nettoyez-la & la découpez en beaux filets dans une casserole avec des petits oignons coupés en dés, cinq ou six gousses d'ail, fines herbes, un verre de vin & deux cuillerées d'huile d'olive.

Faites

Faites bouillir le tout à gros bouillons, & lorfque la fauce fera réduite,
vous y exprimerez un jus d'orange
amere.

Entrée appétiffante, mais lourde &
échauffante fi on en mangeoit trop.

Lamproie au Reftaurant.

Coupez-la par tronçons & la faites
revenir en cafferole avec du beurre
fondu, morilles & quelques truffes en
tranches fines ; lorfqu'elle aura pris
goût & une belle couleur, mouillez-
la avec du vin rouge, fel, poivre,
gros comme une amande de fucre &
quelques croûtons grillés : fervez-la
chaudement dans fon jus.

Lamproie à la Matelote.

Echaudez-la avec de l'eau prefque
bouillante, nettoyez-la, coupez-lui

la tête & recueillez le sang qui en coulera.

Coupez par tranches une douzaine d'oignons blancs & les faites roussir dans du beurre ; ajoutez-y quelques morilles, un verre de vin, deux verres d'eau ou de bouillon, fines herbes, sel & poivre ; laissez cuire le tout à petits bouillons ; sur la fin, ajoutez-y le sang avez un filet de verjus.

Entrée assez délicate.

Lamproie à la Calonne.

Préparez-la comme à la matelote, & la faites cuire dans un bon jus de volaille avec des écrevisses, culs d'artichauts, morilles & un verre de vin d'Espagne : servez chaud.

Entrée restaurante & saine.

CHAPITRE VII.

Entrées de Saumon & d'Efturgeon.

Saumon aux fines Herbes.

Cʜᴏɪsɪssᴇᴢ un beau faumon frais, vuidez-le, nettoyez-le bien en dedans & en dehors ; coupez-en une ou deux belles darnes, faites-les revenir en caſſerole avec du beurre, perſil, eſtragon, fines herbes hachées très-menu laiſſez-les s'y mariner deux heures, enveloppez-les enfuite dans un papier fur lequel vous étendrez tout l'appareil des fines herbes, & les faites cuire dans un four doux, & tant cuites à leur point, fortez-

P ij

les du papier & les dreſſez ſur un plat avec leur garniture, arroſez-les d'un bon jus de poiſſon, & les ſervez chaudement.

Entrée délicate & reſtaurante ; mais le ſaumon étant très-peſant, on doit en manger avec ſobriété.

Saumon glacé au gras.

Ecaillez-le, vuidez-le, nettoyez-le bien dans l'intérieur, & le rempliſſez de cinq ou ſix jeunes pigeons & autant de jeunes poulets de grain, que vous aurez auparavant fait cuire à demi dans du jus de veau ; rempliſſez les vuides intérieurs du ſaumon avec des truffes & culs d'artichauts cuits & hachés enſemble ; recouvrez votre ſaumon, & le piquez pardeſſus avec du petit lard.

Faites-le cuire dans une grande

poiſſonniere foncée de bardes de
lard & de tranches de veau ; mettez-
le ſur le feu , & lorſqu'il commencera
à ſuer , vous le mouillerez avec deux
bouteilles de vin blanc & deux pintes
de bon conſommé ; laiſſez-le bouillonner trois heures , & lorſqu'il ſera
cuit à point , ſortez-le , dreſſez-le ſur
un plat environné de ſon aſſaiſonnement , & le glacez avec du jus de
veau ou de volaille réduit en caramel.

Entrée forte , d'une ſuperbe apparence & aſſez ſaine.

Saumon glacé au maigre.

Choiſiſſez un ſaumon de moyenne
groſſeur , piquez-le avec des anchois
ou de petits lardons d'anguilles , après
l'avoir vuidé & nettoyé par les ouies ;
rempliſſez-lui le corps d'une farce
fine en maigre , compoſée de chair de

tanche , perche , &c. hachée avec
culs d'artichauts , truffes , morilles , &c. le tout manié avec du beurre
frais & fines herbes.

Faites-le cuire dans une braise nourrie en maigre , avec des anguilles ,
truffes , laitances, écrevisses , &c. le
tout mouillé de bouillon maigre &
de bon vin blanc , & cuir jusqu'à ce
que le saumon soit tendre & d un bon
goût ; la sauce réduite à son point ,
dressez-le dans un plat , & le servez
chaud , accompagné de sa garniture.

Grosse entr e saine & restaurante ,
& d'une superbe apparence.

Saumon mariné.

Coupez des tranches d'un beau
saumon, qui soient épaisses de deux
travers de doigt , faites-les mariner
deux heures dans de l huile d'olive ,

avec fel, poivre, feuilles de laurier, &c. puis cuire lentement fur
des cendres chaudes, dans la même
huile, jufqu'à ce qu'une paille neuve
y entre fans réfiftance; fervez les dans
leur huile, ou bien accompagnez vos
darnes de faumon de telle fauce qu'il
vous plaira.

Saumon en Fricandeau.

Coupez un faumon par gros tronçons épais de quatre travers de doigt,
fendez-les en deux, ôtez-leur les
peaux & toutes les arrêtes; piquez-
les avec du petit lard, & les faites
cuire dans une cafferole foncée de
bardes de lard & de tranches de
veau; mouillez de bon bouillon &
fervez dans le fond même de fa
propre braife, avec telles autres garnitures qu'il vous plaira, ofeilles, &c.

Excellente maniere de manger le saumon en entrée.

Esturgeon à la Vénitienne.

Prenez une groffe tranche d'efturgeon, piquez-la de lardons affaifonnés, entremêlés de lardons de truffes & d'anchois ; placez-la dans une braifiere foncée de feuilles de laurier, de deux gouffes d'ail entieres & d'un grand verre d'huile ; faites-la cuire à petit feu pendant deux ou trois heures, de forte qu'elle frémiffe toujours lentement fans jamais bouillir trèsfort ; étant cuite à point, fortez-la & la fervez avec telle fauce maigre ou garniture que vous voudrez.

Entrée excellente & reftaurante.

Matelotte d'Efturgeon.

Coupez une groffe tranche d'eftur-

geon en beaux filets de différentes
groffeurs, comme fi c'étoient divers
poiffons ; paffez-les dans du beurre
& les y faites blanchir des deux côtés; vos filets doivent y cuire lentement fur un feu doux ; fortez-les &
ajoutez au fond de la cafferole des
fines herbes hachées menu, un verre
de bon vin rouge et une pincée de
fleur de farine; lorfque le tout aura
bouilli un quart-d'heure, remettez-y
votre poiffon y prendre goût un inftant fans bouillir, et ajoutez y quelques croûtons grillés.

Entrée délicate & faine.

Efturgeon à la Flamande.

Faites une faumure légere avec eau
fel & vinaigre, faites-y bouillir votre
poiffon à gros bouillons & le fervez
dans fon bouillon ou bien avec telle
fauce que vous voudrez.

P v

Esturgeon rôti ou bouilli.

Nettoyez, piquez & farciffez un esturgeon, faites-le cuire à la broche ou bouillir dans une poiffonniere; ces deux manieres peuvent également se finir avec toutes les fauces que l'on voudra, foit en gras ou en maigre; elles donneront quantité d'entrées excellentes & falutaires, qui ne different que par la diverfité des fauffes & des garnitures.

Esturgeon à la Braife.

Coupez une belle tranche d'esturgeon, nettoyez-la & la piquez avec des lardons d'anchois; mettez-la dans une petite marmite foncée de bardes de lard & d'une tranche de veau, fel, poivre & culs d'artichauts; lorfqu'elle aura fué une demi-heure fur des cendres chaudes , mouillez-la avec une chopine de vin blanc , achevez de la cuire & la fervez dans le fond de braife.

Efturgeon glacé à la d'Eftaing.

Prenez une groffe rouelle d'eftur-geon , piquez-la de lardons de petit lard , & la faites cuire dans une caf-ferole foncée de jambon , bouillon , vin blanc & fines herbes ; étant cuite à point , fortez-la , paffez la fauffe au tamis , faites-la réduire en caramel , placez-y votre rouelle d'efturgeon juf-qu'à ce que la glace foit prife de belle couleur ; fervez-la avec telle fauce qu'il vous plaira.

Entrées faines , délicates & ref-taurantes.

CHAPITRE VIII.

Entrées du Turbot & de la Barbue.

Turbot au Four.

NETTOYEZ & lavez votre turbot dans plusieurs eaux ; faites fondre du beurre avec persil, fines herbes, sel, poivre & muscade ; laissez-y mariner votre turbot une demi-heure ; dressez-le sur un plat avec toute sa garniture ; panez-le bien de tous côtés & le faites cuire au four : servez-le avec telle sauce que vous aurez.

Turbots farcis.

Prenez de jeunes turbots, nettoyez-

les & leur ôtez la peau du deſſous ſans
la ſéparer.

Compoſez une farce avec du beurre ,
perſil , ciboules , morilles , fines herbes ,
jaunes d'œufs , ſel & poivre ; maniez
bien le tout enſemble & en farciſſez le
deſſous de votre poiſſon entre la chair
& la peau , & recouſez-en l'ouverture.

Faites fondre du beurre en caſſé-
role , mettez-y un jaune d'œuf , fines
herbes hachées , ſel & poivre ; donnez-
en une couche ſur tout votre poiſſon
avecun broſſoir ou une plume ; panez
le de mie de pain & lui faites prendre
une belle couleur au four ; étant bien
doré , ſervez-le avec telle ſauce que
vous voudrez.

Ils ſont délicats & ſains.

Filets de Turbot.

Si vous avez un vieux turbot , il

faut le faire cuire au court-bouillon & en séparer les filets d'une belle grosseur.

Faites fondre du beurre avec un anchois, sel, poivre, muscade, persil & fines herbes hachées ; délayez le tout avec un demi-verre de crême douce, mettez-y vos filets de turbot & les y remuez doucement jusqu'à ce que la sauce ait acquis une consistance moëlleuse.

Entrée, délicate, restaurante & assez apparente.

Turbots au Restaurant.

Prenez de jeunes turbots ou turbotins & les faites cuire au court-bouillon, en observant d'être modéré sur les épices, parce que la chair du turbotin est plus délicate que celle des vieux turbots.

Mettez dans une cafferole une chopine de bon confommé, un quarteron
de beurre manié de fleur de farine,
une gouffe d'ail & quelques ciboules
blanchies ; tournez-la doucement jufqu'à ce que vôtre fauce foit liée d'une
douce confiftance ; dreffez vos turbots
dans un plat & verfez - y la fauce
deffus.

Ils font ainfi fortifians & très-
agréables.

Turbot glacé.

Choififfez de jolis turbots, piquez-
les de menu lard, en ayant foin de
les dépouiller auparavant de leur
peau, & d'en couper la queue & les
nageoires.

Verfez en cafferole une pinte de
vin, deux tranches de citron, cinq
ou fix oignons coupés par tranches,

fel & poivre ; faites-y blanchir votre poiſſon, & lorſqu'il ſera cuit aux deux tiers , vous le laiſſerez refroidir.

Dans une ſeconde caſſerole vous ferez bouillir & réduire en caramel un jarret de veau avec de bon bouillon & un demi-verre de vin blanc ; lorſque votre caramel ſera conſiſtant & d'un beau blond doré , dreſſez votre poiſſon ſur ſon plat , verſez votre caramel deſſus , il s'y glacera en cinq minutes ; étendez-le également par-tout avec les barbes d'une plume , & ſervez chaud avec ſauce ou ſans ſauce.

Groſſe entrée ſaine & très-apparente.

Turbots grillés.

Ciſelez-les ſur le dos , faites-les mariner une demi-heure dans du beurre fondu , avec perſil , fines her-

bes ; fel & poivre ; panez-les de mie
de pain, faites-les griller & les fervez
arrofés du jus d'un citron ou d'une
orange amere.

Entrée très-faine.

On prépare encore les turbots aux
crêtes, au court-bouillon, aux truffes,
aux écrevifles, &c. il fuffit pour cela
de les préparer comme au reftaurant,
& d'ajouter à la fauce du confommé
toutes les garnitures que l'on voudra.

Le meilleur turbot eft celui qui eft
le plus blanc & le plus gras, & qui
a le moins de taches rouges fur le
corps.

Barbue à la Conti.

Vuidez une barbue bien fraîche ;
lavez-la & lui faites quelques entailles
fur le dos.

Mettez dans une cafferole un verre

d'huile d'olive , un demi-verre de bouillon gras ou maigre , un demi-verre de vin blanc, fel, poivre & fines herbes ; faites-la cuire à petit feu dans cette fauce, égouttez-la , dreffez-la dans un plat , & pour fauce , faites réduire deux verres de confommé en un feul & le verfez fur votre poiffon avec une pincée de perfil haché très-fin.

Entrée délicate & faine.

On eftime que la barbue eft plus faine que le turbot.

Obfervations.

Comme la barbue eft un poiffon de mer de même nature que le turbot, il s'accommode de la même maniere & eft fufceptible de toutes les préparations dont nous avons parlé pour le turbot.

CHAPITRE IX.

*Entrées de Raies, Aloses, Limandes &
Carrelets.*

Raie au Bénédictin.

ON distingue plusieurs especes de
raies ; la plus estimée est celle qu'on
appelle la raie bouclée.

Faites-la cuire au court-bouillon ,
nettoyez-la, épluchez-la & la dressez
à plat pour qu'elle s'égoutte.

Faites fondre en casserole un morceau de beurre manié d'une pincée de
fleur de farine ; lorsqu'il commencera
à roussir , jettez y du persil & de la
ciboule hachés très-fin ; mouillez d'un

bon verre de vin rouge, un demi-verre d'huile, sel & muscade rapée; faits bouillir ensemble un quart-d'heure & le jettez bouillant sur votre raie.

Ajoutez-y un filet de vinaigre & un peu de chapelure de pain; faites mitonner le tout quelques minutes & servez chaud.

Entrée douce, mais dont on peut douter de la salubrité.

Raie à l'Italienne.

Otez en la peau & la découpez par filets; faites-les blanchir & cuire à petit feu dans une sainte-menehoult avec un morceau de beurre manié & des fines herbes ou petits oignons blancs.

Rapez du fromage de Parme au fond d'un plat, dans un demi-verre de consommé maigre; placez-y vos

filets dans l'ordre des rayons d'une
roue , garniffez-en les intervalles avec
des petits oignons & des fines herbes ;
ajoutez-y une bordure de croûtons de
pain frits à l'huile , & arrofez le tout
d'un bon jus de poiffon réduit à bonne
confiftance.

Entrée excellente & faine , qui
réunit l'agrément à la délicateffe.

Raie blanche.

Ouvrez-la , videz-la & en féparez les
œufs & les boyaux, qui ne valent quafi
rien ; nettoyez-la dans plufieurs eaux
fraîches & la faites cuire dans de l'eau
ou du bouillon maigre, avec des petits
oignons , deux feuilles de laurier,
fel, poivre & un filet de vinaigre ;
étant cuite à point , ôtez-la du feu ,
dépouillez-la de fa peau ; faites une
fauce blanche à l'ordinaire , ou bien

une liaison avec quatre jaunes d'œufs,
bouillon & verjus, & la servez chaudement.

Elle est délicate & agréable.

Raie aux fines Herbes.

Choisissez de belle raie & la découpez par gros filets ; séparez-en la
peau & les ressuyez entre deux serviettes.

Prenez ensuite une chopine de
petit-lait, deux tranches de citron,
un morceau de beurre manié de fleur
de farine ; sel, poivre & fines herbes
à discrétion ; placez-y vos filets &
les y faites cuire lentement ; retirez-
les cuits aux trois quarts, égouttez-
les, panez-les & leur faites prendre
belle couleur au four ; servez-les avec
une sauce piquante ou telle autre qu'il
vous plaira.

Raie à la Provençale.

Nettoyez-la , ôtez-lui sa peau , découpez-la en filets & les faites mariner un quart-d'heure dans moitié vinaigre & moitié bouillon maigre ; égouttez-les , saupoudrez les par-tout de farine & les faites frire à la poële.

Ecrasez-en les foies dans une casserole , en les humectant avec quelques gouttes du bouillon de raie ; ajoutez-y ciboules , petits oignons , sel , poivre , muscade & un morceau de beurre manié de fleur de farine ; tournez la sauce & lui laissez prendre la consistance d'une sauce liée ; mettez dessus vos filets de raie frits & les servez chauds.

Entrée maigre , appétissante , saine , mais d'une foible apparence.

Alose à l'Oseille.

Prenez une belle alose, écaillez-la, vuidez-la & la lavez dans plusieurs eaux ; faites-lui des entailles des deux côtés & la faites revenir dans du beurre fondu avec sel, poivre & laurier; lorsqu'elle y aura pris goût un quart-d'heure, faites-la griller sur un feu doux en l'arrosant avec un peu de beurre & des fines herbes hachées, dont vous remplirez les cifelures avant de la mettre sur le gril.

On la sert ordinairement sur une farce à l'oseille bien nourrie, soit en gras ou en maigre ; mais on peut y suppléer par toutes les farces ou autres sauces que l'on voudra.

C'est une entrée délicate & saine.

L'alose peut encore se préparer aux fines herbes, à la sauce blanche, à
la

la provençale ou à l'italienne, en fuivant les détails énoncés pour la raie ; elle eſt enfin fuſceptible de trente fortes de préparations agréables.

Carelets & Limandes marinés.

Ce font deux efpeces de poiſſons dont la chair délicate, mais peu fubſtantielle, eſt fuſceptible de la même préparation.

Pour les mariner, on leur fait plufieurs ciſelures fur le dos, & on les laiſſe mariner dans l'huile, avec beurre, ſel, poivre & fines herbes hachées menu ; rempliſſez leurs entailles de ces fines herbes, & les faites griller à feu doux ; étant cuits de belle couleur, ſervez-les fur telle fauce que vous voudrez.

CHAPITRE X.

Entrées de Morues , Merluches , &c.

LA morue est un poisson de mer que l'on pêche sur les côtes de Terre-Neuve.

Il faut la choisir d'une chair blanche & tendre sous l'ongle, les fibres moëlleuses & point desséchées , qui ait été bien salée, & qui, trempée dans l'eau douce, s'y gonfle beaucoup & s'y dessale facilement.

Morue à l'Angloise.

Faites-la dessaler plus ou moins dans de l'eau fraîche & la laissez bien égoutter ; coupez-la par morceaux &

la mettez en cafferole revenir &
cuire dans du beurre fondu , avec un
verre de bouillon maigre ; couvrez-la ,
& lorfqu'elle fera cuite retirez-la.

Dans le même plat où vous voudrez la fervir faites fondre du beurre
avec autant de crême douce & un peu
de mufcade rapée ; lorfque le tout
fera bien marié & lié enfemble , mettez y votre morue jufqu'à ce qu'elle
y ait pris goût & confiftance moëlleufe.

Entrée agréable & appétiffante.

Morue fraîche.

On reçoit quelquefois à Paris de
la morue fraîche ; on la fait cuire au
court bouillon , & on la fert fur une
fauce blanche ou bien à la fauce des
fricaffées de poulets.

Ou la conferve huit & quinze jours

paſſablement fraîche , en la faiſant tremper dans une eau-ſel légere, & en expoſant à la cave le vaſe qui la contient.

Morue farcie.

Choiſiſſez une belle queue de morue qui ſoit blanche & épaiſſe , faites-la cuire au court-bouillon ; ôtez-en les filets de deſſous & étendez la queue ſur une ſerviette.

Compoſez une farce fine de merlan ou d'autre poiſſon d'eau douce , rempliſſez-en l'intérieur de votre morue ; coupez avec des ciſeaux toutes les petites & moyennes arrêtes qui vont ſe joindre à la groſſe épine, & garniſſez tout le dedans de votre farce, que vous recouvrirez des fi'ets de morue que vous avez enlevés.

Faites fondre du beurre en caſſe-

role avec perfil , ciboule , laitances &
quelques écreviffes , s'il y en a , ou
bien quelques culs d'artichauts ; finiffez ce ragoût avec une liaifon de quatre jaunes d'œufs & d'un filet de vinaigre.

Enveloppez votre morue farcie d'un
papier beurré , après l'avoir bien panée ; faites-lui prendre couleur fur le
gril ou bien au four , & la depliez enfuite pour la fervir fur le ragoût de
laitances ci-deffus.

Groffe entrée délicate, faine & reftaurante.

Morue à la Crême.

Faites deffaler une belle queue de
morue & la faites cuire dans de l'eau
bouillante , égouttez-la & la découpez
en filets.

Faites fondre en cafferole une

demi-livre de beurre manié de fleur
de farine, poivre & muscade; lorfque le tout commencera à fe lier & à
prendre bonne confiftance , ajoutez-y
un demi-feptier de crême douce bien
fraîche & du perfil haché très-menu ;
tournez votre fauce cinq minutes , &
y gliffez enfuite tous vos filets de morue ; laiffez-les fe mitonner dans cette
fauffe, & les fervez chaudement.

On y ajoute par fois des morilles ,
champignons , culs d'artichauts ou
pointes d'afperges , &c. fuivant le
goût des maîtres & l'intelligence du
cuifinier.

Entrée douce , moëlleufe & délicate.

Morue à la Bordelaife.

Faites deffaler , cuire & égoutter
une morue ; mettez au fond d'une

caffe-ole de terre de bonne huile
d'olive, beurre, deux anchois hachés, perfil, ciboules, échalottes &
une gouffe d'ail bien hachés & deux
ou.trois tranches de citron ; lorfque
votre fauce aura pris de la confiftance,
placez y votre morue, laiffez-la s'y
nourrir & mitonner pendant une
demi-heure.

Poudrez-la enfuite avec de la chapelure de pain, & paffez deffus une
pelle rouge : fervez-la chaude.

Entrée agréable, appétiffante, mais
un peu pefanté.

Merluche Provençale.

Prenez un beau morceau de merluche, battez-la bien par-tout avec un
rouleau de pâtiffier, puis la mettez
tremper dans une terrine dans de
l'eau froide, avec une poignée de cen-

dre de bois neuf ; changez l'eau &
les cendres deux fois par jour, &
réitérez, cette leffive pendant trois
jours de fuite.

Sortez votre merluche & la faires
cuire à grande eau pendant une demi-
heure ; égouttez-la , dépecez-la par
petits morceaux & en féparez toutes
les arrêtes, même les plus petites, autant qu'il fe poutra.

Faires fondre en cafferole un morceau de beurre manié de farine, perfil & ciboule hacnés, un bon verre
d'huile d'olive , deux gouffes d'ail &
un verre de crême blanche avec quelques zeftes d'orange amere ; lorfque
le tout aura bouilli & pris goût, mettez-y votre morue dépecée par petits
morceaux, & la laiffez achever de s'y
nourrir & cuire, en la faifant fauter
en cafferole ; car ce n'eft qu'à force de
la faire fauter long-temps & vive-

ment qu'on parvient à la bien lier &
à lui donner cette délicateſſe veloutée
qui la diſtingue des autres manieres
de la préparer.

Il faut, avant de la ſervir, y goû-
ter, pour s'aſſurer ſi elle eſt aſſez aſ-
ſaiſonnée ; au cas qu'elle fût trop
douce, il faudroit faire fondre un
peu de ſel dans quatre gouttes d'eau,
& verſer dans votre merluche un
peu de cette eau ſalée, autrement le
ſel ne ſe fondroit pas dans la ſauce.

Entrée délicieuſe, très-eſtimée des
amateurs, quoique lourde & un peu
pâteuſe.

CHAPITRE XI.

De la Poule d'eau , de la Brême ,
Goujons , &c. en entrées.

Poule d'eau au Restaurant.

Habillez , nettoyez & préparez
une poule d'eau comme une volaille
ordinaire.

Otez-lui le foie, & avec du beurre,
fines herbes hachées , fel , poivre &
trois jaunes d'œufs durs , composez
une petite farce dont vous lui remplirez le corps.

Si vous voulez la piquer en maigre,
il faut y employer des filets d'anchois & des truffes noires cuites sous
la cendre.

Empotez-la dans une petite terrine
foncée d'une braife en maigre, & de
la diffection de quelques menus poiffons, tels que barbillons, brêmes,
goujons, &c. hùmectez-la avec du
bouillon maigre, & la laiffez cuire
bien étouffée fur des cendres chaudes
jufqu'à parfaite cuiffon : fervez-la dans
fon propre jus.

Entrée maigre, excellente, reftaurante & faine.

Oifeaux de mer, d'étangs & de rivieres.

Tous les oifeaux aquatiques, foit
de mer, d'étangs ou de rivieres, fe
préparent comme la poule d'eau au
reftaurant ; mais comme, malgré
l'ufage, qui les qualifie d'alimens
maigres, leurs fucs ont une qualité
plus analogue aux viandes graffes
qu'au poiffon, on réuffit avec plus de

Q vj

fuccès à les préparer dans des braifes
foncées de petit lard , de tranches de
veau et autres diffections de gibier ou
de volaille ; en un mot, toutes les
manieres de préparer les perdrix , conviennent parfaitement aux oifeaux de
riviere , & leur ôtent même en partie
ce goût de marée qui les rend pefans
& indigeftes à un certain point.

J'en ai même fait quelquefois accommoder comme le faifan , qui
étoient prefqu'auffi agréables & délicats.

Ils offrent enfin un grand nombre
d'entrées & de hors-d'œuvres , tant en
maigre qu'en gras, lorfqu'ils font préparés par un amateur ou un artifte intelligent.

Brême aux fines Herbes.

La brême eft un poiffon d'eau

douce qui se prépare comme les limandes, avec lesquelles il a beaucoup d'analogie.

Il faut la vuider, la laver, l'essuyer
& la faire mariner cinq minutes dans
du beurre fondu avec des fines herbes
hachées ; sortez-la de sa marinade ,
recouvrez - la de fines herbes & la
faites cuire à petit feu des deux côtés.

Servez-la sur une sauce blanche ou
bien à la sauce au poulet , faite avec
bouillon maigre , jaunes d'œufs , &c.

Elles sont saines & agréables.

Goujons au Court-bouillon , &c.

Vuidez-les , s'ils sont gros , lavez-
les & les faites bouillir dans un
court-bouillon de vin & moitié bouillon maigre ; ajoutez-y sel , poivre &
quelques culs d'artichauts ; laissez réduire la sauce & les servez chauds.

On peut-ainſi préparer la foule immenſe de petits poiſſons dont les rivieres & les étangs abondent, pour en former de petites entrées de ménage qui ont leur agrément.

Matelotte du Poiſſonnier.

La plupart des pêcheurs des côtes du Languedoc & de la Provence, lorſqu'ils ont ſorti de leurs filets tout le gros poiſſon deſtiné à la vente, emploient ſouvent le fretin, les goujons & autres menus poiſſons, à compoſer des matelottes qui ſont excellentes & eſtimées.

Sur le bord même du rivage où ils débarquent leurs femmes allument un feu clair & y placent un petit chaudron à demi rempli de bon vin & d'autant d'eau douce; elles y jettent des petits oignons blancs, du

perfil haché, des feuilles de laurier ;
une groffe gouffe d'ail, fel, poivre &
mufcade, & quelquefois deux cuillerées d'huile d'olive ; elles font bouillir le tout enfemble, & quand leurs
maris arrivent, ils vuident dans leur
chaudron tout le menu poiffon de
leurs filets, & les jettent dans le vin
& l'eau bouillans ; ils y cuifent une
demi-heure, en obfervant qu'ils ne
foient que furnagés de vin, & que
leur bouillon foit peu abondant ;
étant cuits, elles les fottent ; font réduire la fauce & la verfent fur leur
matelotte, qui eft vraiment bonne,
délicate & faine.

CHAPITRE XII.

Entrées de Solles & de Merlans.

Solles aux fines Herbes.

ECAILLEZ, vuidez & nettoyez de moyennes folles , fendez-les fur le dos, faites-les cuire à demi feulement dans moitié vin blanc & moitié bouillon maigre , deux cuillerées d'huile, fel , poivre , deux tranches de citron & des fines herbes hachées très-fin.

Egouttez vos folles & leur faites entrer de vos fines herbes dans le corps, après les avoir hachées & pêtries avec un petit morceau de beurre;

dreffez les fur un plat, & les y nourriffez avec du jus de carpe, jufqu'à
ce qu'elles foient cuites à leur point :
fervez-les dans leur propre jus, avec
un citron coupé en deux fur les bords
du plat, afin qu'on ait la liberté de
les y exprimer fi on les aime acides.

Entrée faine, très-délicate, qui fe
fert fur les meilleures tables.

Solles marinées.

Ecaillez-les, vuidez-les & leur
coupez la tête, la queue & les nageoires.

Rempliffez-les d'un morceau de
beurre manié de fleur de farine, &
pêtri avec perfil, ciboule, fines herbes hachées très-fin, fel & poivre ;
coufez en l'ouverture & les faites mariner dans du beurre fondu ; faites-
les frire cu griller à petit feu, & lorf-

qu'elles feront d'une belle couleur ; vous les fervirez fur telle fauce qu'il vous plaira.

Entrée appétiffante & agréable.

Solles à la Carmelite.

Etant écaillées & vuidées, mettez-les en cafferole dans du bouillon de merlan, &c. avec deux tranches de citron, deux verres de vin de Champagne, fel, poivre, laurier & un bouquet de fines herbes.

Etant cuites, égouttez-les, paffez-en le potage & y mélangez un bon jus de carpe ou du jus de veau : fervez-les chaudement.

Entrée faine, reftaurante & des plus délicates.

Solles aux Ecreviffes.

Préparez-les comme à la carmelite ;

étant prefque cuites, ajoutez - y un coulis ou jus d'écreviffes pilées & exprimé fur vos folles.

On peut, pour l'agrément & le coup-d'œil, faire autour du plat une bordure de petites écreviffes entieres.

Entrée délicate & faine.

Solles farcies.

Après les avoir écaillées, vuidées & reffuyées, compofez une petite farce avec chair de merlan ou de perche hachée très fin & mélangée avec beurre, fines herbes, morilles, fel poivre, jaunes d'œufs ; farciffez-en vos folles & les faites cuire en caffe-role avec moitié vin & moitié bouillon, ou bien frottez-les de beurre fondu ; panez-les, faites-les cuire au four, & les fervez fur telle fauce que vous aurez.

Elles font délicates & très-reftaurantes.

Solles glacées au Gras.

Ecaillez-les & les nettoyez à l'ordinaire, en leur coupant la tête, la
queue, & les nageoires ; piquez-les
de petits lardons, faites-les blanchir
cinq minutes dans un verre de vin
blanc avec des fines herbes ; fortez-les,
égouttez-les & les faites cuire dans
du bouillon confommé au point de fe
prendre en gelée ; quand il eft froid,
ajoutez-y un demi-verre de bon vin
& deux tranches de veau ; faites-les
cuire à petit feu dans une caflerole
couverte ; fortez - les de leur jus &
faites réduire la fauce en caramel après
l'avoir paffée au tamis.

Glacez vos folles avec ce caramel
chaud, & les garniffez d'un ragoût de

morilles & culs d'artichauts, accommodés au maigre ou au gras.

C'eft une fuperbe entrée, des plus
faines, reftaurante, & qui fe fert fur
les tables les plus recherchées.

Solles en Terrine.

Préparez-les comme ci-devant les
folles marinées, & les faites frire
feulement aux trois quarts.

Séparez-les en filets, faites fondre
en cafferole du beurre & des morilles
cuites à l'eau, ou bien quelques truffes
noires; mouillez-les de jus de poiffon, d'un peu de bon vin & d'un bouquet de fines herbes; placez-y vos
filets de folles avec quelques écreviffes
de riviere & des laitances de carpes;
faites mijoter & réduire le tout enfemble & en formez un belle terrine.

C'est une grosse entrée des plus saines & très-restaurante.

Les timbales de soles se font à peu près de la même maniere, excepté qu'on les lie avec des jaunes d'œufs, & qu'on dispose les uns sur les autres pour en former une timbale qu'on recouvre de blancs d'œufs & d'un papier beurré pour les faire cuire au four : on la sert ensuite sur telle sauce que l'on veut.

Merlans grillés.

Ecaillez, vuidez, lavez & ressuyez vos merlans entre deux serviettes ; ciselez-les légerement, & les marinez dans du beurre avec le fond des fines herbes de la marinade, & les faites griller à feu modéré.

Servez-les sur une sauce blanche ou au blond, avec des jaunes d'œufs

battus dans du bouillon , pour en former votre liaiſon.

Merlans à la Créme.

Préparez-les dans une ſaumure légere , & les faites cuire dans de l'eau
bouillante , avec perſil , racines , un
demi-verre d'huile & un peu de ſel ;
égouttez - les & les arroſez enſuite
avec une ſauce à la crême dan, laquelle vous aurez fait cuire un petit
filet de morue deſſalée.

Merlans à la Trappe.

Lavez-les , nettoyez-les & les faites
bouillir dans l'eau avec quel ues racines & un peu de beurre : ſervez-les
dans le même bouillon.

Ils ſont ſains , mais peu ſucculens.

CHAPITRE XIII.

Entrées de Maquereaux, Eperlans, &c.

Maquereaux grillés.

NETTOYEZ-LES foigneufement, refendez-les par le dos, frottez-les d'un
peu de beurre, panez-les de mie de
pain pulvérifée & mélangée avec perfil haché très-fin, & les faites griller
à leur point de cuiffon.

On les accompagne ordinairement
d'une fauce au beurre blanc fondu,
avec perfil haché, fel, poivre, un filet
d'huile d'olive & un jus de citron ;
remuez bien & fervez très-chaud.

Ils font agréables & délicats.

Maquereaux

Maquereaux glacés.

Nettoyez-les & les piquez de petit lard, faites-les cuire dans un court-bouillon avec deux tranches de veau & un bouquet de fines herbes; paſſez la cuiſſon, faites-la réduire en cara-mel, & en glacez vos maquereaux.

Servez deſſous telle ſauce que vous voudrez.

Maquereaux au Blanc.

Nettoyez-les & les faites cuire dans un court-bouillon avec une branche d'anis ou de fenouil; égouttez-les & les ſervez ſur une ſauce blanche, avec des fines herbes hachées très fines; & le jus exprimé de la moitié d'un ci-tron.

Tome III. R

Maquereaux à la Provençale.

Faites-les cuire en casserole dans du bouillon maigre, un demi-verre de vin de Champagne & un peu d'huile ; ajoutez-y quelques morilles, &c. & les servez dans leur sauce.

On peut leur faire une liaison & les servir sous d'autres sauces.

Maquereaux à la broche.

Faites une marinade avec persil, ciboules, échalotes hachées, huile, sel & poivre ; laissez-y mariner une demi-heure vos maquereaux, mettez-les à la broche & les faites cuire à petit feu ; panez-les un instant avant de les sortir, laissez-leur achever de prendre couleur, & les servez sur telle sauce qu'il vous plaira.

Entrées saines & délicates.

Maquereaux en Compote.

Vuidez-les & leur coupez la queue ; essuyez-les & les empotez dans une petite marmite foncée de beurre , d'autres menus poissons & d'un anchois ; mouillez votre braise avec du vin blanc ; étant cuits , servez-les dans leur jus.

Excellens & restaurans.

Maquereaux à la Maître-d'hôtel.

Nettoyez-les & les faites griller à point, ensuite vous leur mettrez dans le corps un morceau de beurre manié avec sel, poivre, persil , ciboule hachés; refermez-les & les servez chauds avec des tranches de citron autour du plat.

On peut leur ajouter dessous une sauce si l'on veut, ou bien en com-

R ij

poſer une blanche dans une ſau‑
ciere.

Entrée peu délicate.

Eperlans aux Herbes.

Faites bouillir un bouquet de fines
herbes avec des oignons coupés par
tranches, ſel, poivre & une demi-
cuillerée d'huile d'olive dans une pinte
d'eau ; lorſqu'elle aura pris bon goût,
vous y placerez vos éperlans & les
ferez cuire à gros bouillons ; ſortez-les
& les ſervez avec une ſauce ou ſans
ſauce.

Eperlans en Caiſſon.

Formez des caiſſons de papier
comme des moules à biſcuits, foncez-
les d'une petite farce maigre avec
beurre, fines herbes, menus poiſ‑
ſons, ſel, poivre & muſcade ; aſ‑

fe ez-y vos éperlans entourés de leur affaifonnement ; panez-les de mie de pain & les faites cuire dans une tourtiere ou dans un four modéré ; étant cuits , dégraiffez-les & les arrofez de telle fauce qu'il vous plaira.

Entrée agréable, faine & reftaurante

L'éperlan peut encore s'accommoder à la matelote, à la provençale , à l'italienne, & fouffre les mêmes préparations que le maquereau.

***

CHAPITRE XIV.

Entrées de Rougets , Vives , Mulets , &c.

LE rouget eft un poiffon très délicat, qui demande du ménagement, & à être fur-tout employé très frais, car il paffe promptement.

Rougets dans leur jus.

Vuidez-les & les nettoyez légérement, marinez-les dans de l'huile,
avec fel égrugé & fines herbes hachées dans un peu d'huile ; panez les
avec de la mie de pain & les faites
griller ; étant cuits, fortez en les
foies, écrafez-les dans de l'huile
d'olive, avec fel, poivre & jus de citron : fervez-les chauds.

Ils font délicieux & très-fains.

Rougets à la Cardinale.

Nettoyez-les, vuidez-les & les faites cuire dans un court-bouillon avec
un verre de bon vin & une douzaine
d'écreviffes ; dreffez-les & les couvrez
d'un coulis ou jus d'écreviffes.

Entrée apparente & très-faine.

Rougets grillés.

Après les avoir nettoyés, vous les ferez mariner dans du beurre fondu avec des fines herbes ; panez-les, faites-les griller & les fervez avec le jus d'une orange.

Rougets au Court-Bouillon.

Lavez-les & les faites cuire dans un court-bouillon, avec fel, poivre, vinaigre, fines herbes & de l'eau bouillante ; étant cuits, égouttez-les & les accompagnez d'une fauce blanche ou d'une fauce au poulet, fuivant le goût des amateurs.

Entrée délicate, faine, & d'un coup-d'œil agréable.

Vives aux Ecrevisses.

Nettoyez-les, coupez-leur la tête &
la queue & les faites cuire en casserole
avec sel, poivre, beurre, quelques
oignons & chopine de vin blanc;
étant cuites, égouttez-les & leur donnez une sauce blanche dans laquelle
vous ajouterez un jus d'écrevisses.

Si vous desirez que la sauce soit
couleur de rose, il faudroit, au lieu
de jus d'écrevisses, faire fondre un
peu de beurre d'écrevisses & le verser
bien chaud sur votre poisson.

Vives à la d'Estaing.

Ecaillez-les, vuidez-les & leur ôtez
les ouies & les nageoires; lavez-les
& les essuyez; faites-leur quelques
ciselures sur le corps & les faites ma-

riner dans beurre , fel , poivre ; enveloppez - les de quelques fines herbes hachées & les faites griller à petit
feu ; fervez-les avec telle fauce qu'il
vous plaira.

Vives aux Truffes.

Préparez-les comme les rougets à la
cardinale , & les recouvrez d'un ragoût de truffes noires coupées par
tranches & préparées au maigre ou
au gras.

Elles font délicieufes, mais échauffantes. On peut y ajouter des laitances , culs d'artichauts & queues
d'écreviffes ; l'entrée en fera plus riche
& plus apparente.

Vives farcies aux fines Herbes.

Faites-les mariner , enveloppez-les
R

de fines herbes hachées & marinées dans le beurre ; farciſſez en leur ventre & les faites griller à feu doux ou cuire à la braiſe dans une petite tourtiere.

On peut auſſi les faire cuire à la broche , enveloppées de fines herbes ; mais il faut les ſaupoudrer de mie de pain lorſqu'elles ſont à la broche , & les y faire cuire juſqu'à ce qu'elles y prennent une belle couleur dorée.

Vives glacées.

Elles ſe préparent exactement comme les maquereaux glacés.

Mulets , Bécarts , &c.

Toutes ces différentes eſpeces de menus poiſſons ſe ſervent en entrées maigres , en les faiſant mariner au

beurre avec des fines herbes : on les
pane & on les fait griller à petit feu
pour les fervir fur une fauce blanche
ou fur telle autre que l'on veut.

CHAPITRE XV.

*Entrées de Maquereufes , Oifeaux de
mer , de rivieres , &c.*

Maquereufe aux Navets.

PLUMEZ-LA , vuidez-la & la faites
refaire fur la braife comme une volaille ; faites-la revenir en cafferole
dans du beurre fondu , & y cuire à
petit feu pendant trois heures , en
tenant la cafferole couverte pour
qu'elle ne s'y defféche pas ; mouil-
R vj

lez-la avec du bouillon de poiffon ;
& y ajoutez une vingtaine de navets
rôtis à la poële jufqu'à ce qu'ils foient
un peu roux.

Achevez de la cuire à petit feu ;
faites réduire la fauce , & la fervez
avec un jus de citron.

Elle eft reftaurante & affez fucculente.

Maquereufe à la Braife.

Vuidez-la , & avec fon foie , formez-en une petite farce avec des
œufs durs, morilles, culs d'artichauts,
beurre & fines herbes bien hachées &
maniées enfemble , farciffez-en votre
maquereufe & la lardez aveo de petites anguilles fur tout le corps.

Faites-la cuire enfuite dans une
braife maigre , & la fervez dans fon
propre jus.

Entrée délicieufe & affez faine.

Maquereufe à la Provençale.

Nettoyez-la & la lardez avec des anchois ; panez-la & la faites cuire à la broche.

Accompagnez-la d'une fauce piquante à la rocambole, ou bien avec fon foie faites une fauce à la capucine ; en la délayant avec du bouillon maigre, fel, poivre, ail & un jus d'orange.

Elles font délicates & appétiffantes.

LIVRE XIII.

Des Hors-d'œuvres en maigre.

CHAPITRE PREMIER.

Hors-d'œuvres de Carpes, Perches, &c.

Filets de Carpe.

Faites cuire un plat de chicorée au maigre, nourri de jus de poisson; faites blanchir des filets de carpe dans du bouillon, & les achevez de cuire dans le ragoût de chicorée.

C'est un hors-d'œuvre agréable & très-sain.

Hachis de Carpes.

Nettoyez de petites carpes & en féparez toutes les chairs en les épluchant de toutes leurs arêtes ; hachez-les bien avec perfil, échalotes, ciboule, fel, poivre & mufcade.

Faites fondre du beurre en cafferole, & y mettez votre hachis ; laiffez-le s'y refaire un quart-d'heure, puis le mouillez avec du bouillon maigre & l'achevez de cuire à fon point.

On y ajoute fi l'on veut des petits croûtons de pain frits à la poêle, dont on fait une rangée tout autour.

Délicat & fain.

Filets de carpes au Citron.

Séparez en filets de moyennes carpes, faites-les cuire en cafferole avec du jus de poiffon pendant une demi-heure; dreffez-les fur un plat, faites réduire la fauce, exprimez y le jus d'un citron, laiffez mitonner un quart-d'heure & verfez bouillant fur vos filets.

Hors-d'œuvre agréable, délicat & fain.

Carpes au Ballon.

Nettoyez deux ou trois carpes & leur ôtez proprement la peau la plus entiere qu'il fe pourra; coupez vos carpes par groffes tranches.

Compofez une farce maigre avec des extrémités de poiffon, truffes, laitances & culs d'artichauts, le tout affaifonné avec modération & haché très-menu.

Enveloppez chaque tranche de carpe avec de la farce, puis rapprochez-en tous les morceaux en leur

donnant la forme de poisson ; unif-
fez en toute la superficie & les recouvrez avec votre peau de carpe , après
l'avoir frottée intérieurement avec
du beurre ; panez-la légérement & la
faites cuire au four ou dans une tourtiere jufqu'à ce qu'elle ait pris une
belle couleur.

On l'accompagne quelquefois d'un
jus de poiffon avec garniture ou fans
garniture.

Hors-d'œuv.e chaud , apparent ;
délicat & fain.

Perches au Verd-pré.

Nettoyez-les & les faites cuire aux
deux tiers dans un court-bouillon avec
un verre de vin blanc & une cuillerée d'huile d'olive ; étant cuites,
égouttez-les & les laiffez refroidir ;
ôtez-en proprement les filets & les re-

mettez en casserole dans un bon jus de poisson, auquel vous donnerez la couleur de pré, en y passant un jus d'oseille ou de pois verds.

Jolie entrée agréable & saine.

Filets de Perches marinés.

Nettoyez-les, séparez-en les filets & les faites mariner avec du bouillon, sel, poivre, persil, ciboules hachés & le jus d'un citron ou deux; égouttez-les, trempez-les dans du blanc d'œuf fouetté; saupoudrez-les de fleur de farine, faites-les frire & les servez de belle couleur avec telle sauce piquante que l'on voudra, sans aucune autre garniture.

Voyez le chapitre des sauces en maigre.

CHAPITRE II.

Hors - d'œuvres de Truites & d'Anguilles.

Filets de Truites marinés.

Ecaillez & nettoyez de petites truites, séparez-les en filets & les faites mariner dans un verre de vinaigre blanc ; égouttez-les, saupoudrez-les de fleur de farine & les faites frire de belle couleur.

Servez-les sur une sauce piquante. Voyez le chapitre des sauces maigres.

On les sert aussi sur une sauce blanche.

Filets de Truites au gras.

Faites cuire vos truites au court-bouillon, ôtez-en les filets, dreſſez-les fur un plat.

Faites fondre du beurre en caſſe-role avec un peu de fleur de farine, fel, poivre, muſcade & du jus de citron mouillés avec du jus de veau ou du jus de poiſſon ; faites cuire & mitonner une demi-heure ; étant ré-duit à bonne conſiſtance, verſez fur vos filets.

Truites à l'Angloiſe.

Faites-les cuire au court-bouillon ; ôtez-en les filets, dreſſez-les fur un plat, & les y tenez couverts fur des cendres chaudes.

Faites fondre en caſſerole du beurre manié avec de la fleur de farine, fel, poivre, muſcade & une ou deux tranches de citron ; mouillez le tout avec du jus de poiſſon (ou, ſi c'eſt

en gras , avec jus de veau) ; tournez votre fauce , exprimez le jus des
tranches de citron , & verfez votre
fauce bouillante fur vos filets.

Hors-d'œuvre excellent , mais un
peu pefant.

Anguilles au Blanc.

Dépouillez de petites anguilles ;
coupez-les en deux ou trois morceaux , féparez-en les arêtes.

Compofez une farce fine avec des
blancs de volaille , veau blanchi &
mie de pain cuite dans du lait , fel ,
poivre & quelques jaunes d'œufs ;
liez le tout enfemble & y mélangez
de la panne de porc coupée en petits
quarrés ; faites revenir le tout en cafferole dans un peu de beurre fondu.

Prenez des crêpines , étendez-en
des quarrés fur la table , garniffez-les

de votre farce, placez au milieu un morceau de vos anguilles de longueur convenable ; roulez votre crêpine en boudin , & lui donnez une forme agréable ; panez-la & la faites cuire au four d'une belle couleur dorée.

On sert cet hors-d'œuvre avec sauce ou sans sauce : il est très-délicat.

Lorsqu'on veut en composer des boudins en maigre, on choisit de petites anguilles bien grasses qu'on coupe en petits dés ; au lieu de panne de cochon , on y ajoute quelques laitances , on forme ses boudins à l'ordinaire , & on les dore avec des jaunes d'œufs, pour les paner & leur faire prendre cuisson & couleur au four.

Anguilles au Poulet.

Faites-les blanchir & cuire dans du bouillon maigre avec un verre de vin

blanc & des petits oignons ; faites-
leur une liaison avec deux jaunes
d'œufs & perfil délayés dans du
bouillon.

Hors-d'œuvre agréable & fain.

Brochettes d'Anguilles.

Prenez des anguilles fraîches & les
coupez par tranches de l'épaisseur du
doigt , faites-les mariner dans du
béurre, fel, poivre, perfil , &c. bien
hachés ; lorfqu'elles y auront pris
goût, embrochez tous vos morceaux
d'anguilles dans des aiguilles d'argent
ou des brochettes en bois longues de
quatre pouces ; dorez-les avec un
jaune d'œuf, panez-les de mie de
pain & les faites frire de belle couleur.

On peut, entre chaque morceau
d'anguille , placer une tranche de

truffe cuite au vin blanc ou sous les cendres brûlantes.

Hors-d'œuvre délicat & recherché.

Anguilleaus Morelac.

Enlevez par filets la chair de plusieurs anguilles, & les faites mariner dans du beurre fondu, sel, poivre & persil haché.

Faites avec du papier blanc des petits caissons ou moules de biscuits, foncez-les d'un peu de farce maigre, sur laquelle vous arrangerez vos filets; recouvrez-les avec un peu de la même farce, panez-les par-dessus & les faites cuire une demi heure au four; dégraissez-les & les servez avec telle sauce que vous voudrez.

Rissoles d'Anguilles.

Nettoyez vos anguilles & les fendez

dez pour en ôter l'arrête & les coupez par morceaux longs comme le doigt, en les applatissant un peu sous le rouleau.

Composez une farce légere en gras ou en maigre, garnissez-en une crépine, dans le milieu de laquelle vous placerez un tronçon d'anguille ; roulez-le dans sa crêpine, soudez-en les bords, trempez-les dans une pâte fine & les faites frire de belle couleur, ou bien rôtir sur le gril à petit feu.

Servez-les sur une lit de persil, ou sur des rôties de pain frites dans l'huile.

Elles sont délicates & fines, & offrent plusieurs genres d'hors-d'œuvres plus agréables que salutaires.

CHAPITRE III.

Hors - d'œuvres du Saumon & de l'Esturgeon.

Saumon mariné.

CHOISISSEZ deux belles tranches de saumon, & les faites mariner dans de l'huile d'olive, avec sel, poivre & le jus d'un citron ; faites-les griller aux deux tiers & les dressez sur un plat en les recouvrant de leur marinade ; laissez-les mijotter une demi-heure sur des cendres chaudes & les recouvrez d'un peu de chapelure de pain.

Hors-d'œuvre appétissant, mais

lourd , & d'une digestion difficile pour
les estomacs délicats.

Brochettes de Saumon.

Elles se forment exactement comme
les brochettes d'anguilles ; mais pour
les rendre moins fastidieuses & plus
délicates , on peut , entre chaque
morceau de saumon , placer une
tranche de truffe cuite à la braise ;
elle y prendra un goût & un parfum des plus agréables.

Saumon à la Poulette.

Faites mariner une darne de saumon dans du beurre fondu en casserole avec sel, poivre , basilic , &c.
enveloppez - la dans une feuille de
papier, en les environnant de leur
assaisonnement , & les faites bouillir

dans très-peu d'eau avec des fines
herbes ; laiffez-la refroidir , égoutter ;
dreffez-la dans un plat , & la recouvrez d'une fauce blanche avec des
jaunes d'œufs , &c.

Très-délicat & fain.

Saumon au Cul-de-lampe.

Préparez votre faumon comme ci-
deffus , & le dreffez par tranches dans
des caiffes de papier ou d'argent faites
en forme de cul-de-lampe; couvrez-les
de mie de pain & les faites cuire au
four.

Saumon en Papillotes.

Préparez-le comme le faumon mariné ; & après l'avoir enveloppé de
fines herbes affaifonnées, vous ren-
fermerez chaque morceau dans une

demi-feüille de papier en forme de
papillote, & les ferez cuire comme
des côrelettes de veau.

Croquant, délicat & sain.

Esturgeon à la Provençale.

Coupez une tranche d'esturgeon
d'un pouce & demi d'épaisseur, lardez-la de gros lardons d'anguilles ou
de jambon de part en part comme du
bœuf à la mode; faites-la revenir en
casserole dans de bon beurre fondu,
avec persil, fines herbes hachées &
une goustte d'ail entiere, sel & poivre; recouvrez-la de deux ou trois
feuilles de laurier, & la faites cuire à
petit feu sur des cendres chaudes, en
tenant la casserole bien couverte;
étant cuite, dégraissez & servez.

Esturgeon en marinade.

Il se prépare comme le saumon mariné , & a exactement les mêmes
propriétés.

Esturgeon à la Sainte-Menéhould.

Faites une sainte-menéhould à l'ordinaire , assaisonnez-la de sel , poivre , vin blanc , laurier & bardes de
lard ; placez-y vos tranches d'esturgeon , & les faites cuire à petit feu
dans une petite marmite bien fermée ;
étant cuites , dégraissez & servez
chaud.

Hors-d'œuvre sain & succulent.

Grillade d'Esturgeon.

Faites cuire une tranche d'estur-

geon à la sainte-menéhould , assaisonnez-la de vin blanc , sel , poivre,
laurier & basilic en poudre ; étant
cuite , laissez-la refroidir , panez-la ,
faites-la griller & la servez avec une
sauce piquante ou sans sauce.

Hors-d'œuvre appétissant & agréable.

CHAPITRE IV.

*Hors - d'œuvres de Turbots , Barbues ,
Raies & Limandes.*

Turbot en Filets.

LORSQUE d'un turbot cuit au court-
bouillon il en reste de grosses parties ;
on peut en séparer les filets & les ar-

ranger dans un plat comme des anchois, avec des fines herbes hachées
très-fin & assaisonnés avec sel, poivre, huile & vinaigre.

On peut encore les couvrir d'une
sauce blanche.

Hors-d'œuvre délicat & sain.

Barbue glacée.

Vuidez, lavez & nettoyez une
barbue bien fraîche ; séparez-la par
gros filets, piquez-les de menu lard
& les faites cuire un bouillon dans
moitié vin blanc & moitié bouillon
avec quelques fines herbes ; étant
cuits, rangez-les dans un plat ; faites
réduire la sauce en gelée, & vous en
glacerez vos filets, en garnissant le
tour du plat d'un cercle de persil, estragon ou cerfeuil hachés très-fin.

Hors-d'œuvre délicieux & sain.

Raie à l'Italienne.

Séparez en filets un morceau de raie & les faites mariner à l'ordinaire.

Faites fondre du beurre en casserole & y mettez suer quelques morceaux de raie pour y rendre leur jus, avec fines herbes & petits ognons; mouillez avec du bouillon maigre & un peu de vin blanc; faites bouillir votre sauce, dégraissez-la & y ajoutez filets d'anchois pour en ranimer le goût & la rendre moins fastidieuse.

Hors-d'œuvre agréable, mais peu sain.

Aloses à la Monaco.

Choisissez une alose bien fraîche & enlevez proprement les filets; faites-les cuire dans moitié vin blanc,

moitié bouillon , fines herbes , fel &
une cuillerée d'huile ; étant cuits ,
égouttez-les & les dreffez fur un plat
chaud.

Faites fondre en cafferole du beurre
avec fel , poivre , fleur de farine &
un citron coupé par tranches ; tournez
votre fauce & lui laiffez prendre
goût ; exprimez le citron , jettez-en
les tranches & verfez la fauce bien
chaude fur vos filets.

Hors-d'œuvre appétiffant & fain.

Limandes entieres & en filets.

On la prépare en hors-d'œuvre de
vingt manieres différentes , mais plus
particuliérement comme la barbue &
la raie ; on peut auffi les préparer au
gratin avec toutes les fauces que l'on
voudra.

Lorfqu'elles font entieres , il eft

bon de les farcir ; elles en feront plus moëlleufes & plus délicates.

CHAPITRE V.

Hors-d'œuvres de Morues , Harangs , Sardines , &c.

Morue à la Crême.

FAITES deffaler & cuire une queue de morue à l'eau , levez-en les filets & les faites revenir dans une fauce compofée de beurre fondu , crême douce, fleur de farine , fel , poivre & un peu de perfil haché menu ; tournez votre fauce, mettez-y vos filets , laif-fez-less'y mitonner un quart-d'heure, & fervez chaud.

Hors-d'œuvre très-délicat.

S vj

Morue au Verd-pré.

Deffalez-la & la faites cuire dans
du lait, beurre & fines herbes ; dref-
fez-là dans un plat , & la recouvrez
de perfil haché très-menu ; exprimez-
y un jus de citron & la fervez chaude ,
fans aucun autre affaisonnement.

Excellente maniere de manger la
morue : elle en est plus douce, moins
échauffante & plus délicate.

Morue à la Languedocienne

Faites deffaler & cuire à l'eau une
queue de morue ; égouttez-la.

Faites fondre en casserole un morceau de beurre avec fel, poivre, mufcade, perfil & fines herbes hachées
menu, un demi-verre d'huile d'olive
& de la mie de pain émiettée ; tour-

nez bien votre fauce ; & lorfqu'elle
aura pris goût, mettez-y votre queue
de morue & la laiffez fe mitonner une
demi-heure fur un feu doux ; fur la
fin, exprimez-y le jus d'un demi-
citron : fervez chaud.

Hors-d'œuvre délicat & affez fain

Harengs à la Conti.

Choififfez les plus nouveaux arri-
vés, dépouillez-les de leur peau, &
leur coupez la tête & la queue ; féparez-en les filets & les faites tremper
quatre ou cinq heures dans du lait
chaud.

Egouttez-les & les faites tremper
dans du beurre fondu, avec fel, poivre, bafilic & un jaune d'œuf ; panez les & les faites griller à feu doux ;
fervez-les chauds.

Harangs aux fines herbes.

Préparez-les comme ci-devant , & les faites tramper quatre heures dans de bon lait ; égouttez-les & les faites revenir dans du beurre avec huile , perfil haché , fel , poivre & fines herbes hachées; mettez-y vos filets & les-y laiffez mitonner une demi-heure ; dégraiffez-les & fervez chaud ; fi la fauce eft courte , exprimez-y un jus d'orange.

Harangs à l'Italienne.

Deffalez-les , ouvrez-les & les nettoyez bien ; farinez-les en dedans & en dehors , & les faites frire dans le beurre ou l'huile d'olive : fervez-les fur un lit de perfil.

Hors-d'œuvre appétiffant, mais indigefte.

Sardines à la Marlois.

Ecaillez-les & les vuidez à fec fans les jamais laver ; marinez-les dans un peu de beurre où d'huile, avec fel, poivre, fines herbes ; faites-les griller à petit feu & les fervez chaudes.

Appétiffantes & agréables, mais d'un fuc peu reftaurant.

CHAPITRE VI.

Hors - d'œuvres de Merlans, Solles & Eperlans.

Merlans à la Vénitienne.

Séparez en filets un gros merlan ; mettez-les dans une cafferole avec fel,

poivre & le jus d'un gros citron bien
exprimé ; étant bien marinés pendant
une heure , égouttez-les , farinez-les
par-tout & les faites frire de belle
couleur ; ajoutez-y telle sauce qu'il
vous plaira.

Merlans à la Crême.

Coupez la tête , la queue & les
nageoires de deux ou trois merlans
frais, refendez-les par le dos & leur
enlevez la grosse arête ; séparez-les en
beaux filets , faites-les revenir un inftant dans moitié vin & moitié eau
bouillante , puis les finissez de cuire
dans une sauce à la crême ; dressez-
les sur un plat & les finissez comme la
morue à la crême.

Hors-d'œuvre délicat & sain.

Merlans au Verd-d'eau.

Faites cuire des merlans dans du bouillon maigre avec un demi verre d'huile, vin blanc, fel, poivre & deux clous de girofle ; égouttez les & les ſervez ſur une purée de petits pois ou d'oſeille nouvelle.

Hors-d'œuvre ſain & délicat.

Solles au Verd-pré.

Elles ſe préparent exactement comme les merlans au verd ; on y ajoute ſeulement deux tranches de citron pour en relever la ſaveur : elles ont la même qualité.

Filets de Solles à la Frédérick.

Préparez vos Solles à l'ordinaire „

faites-les frire de belle couleur & levez-en les filets; dreſſez - les ſur un
plat avec ſel & poivre ; faites blanchir quelques petites rocamboles ;
nourriſſez-les enſuite dans de bon
conſommé ou jus de veau avec un
peu de chapelure de pain ; étant ré-
duites , verſez - les ſur vos filets de
ſolle.

Hors-d'œuvre agréable & ſain.

Solles à la Chicorée.

Découpez en filets très-minces de
petites ſolles que vous aurez fait
frire auparavant ; verſez deſſus un
ragoût de chicorée bien nourrie avec
du bouillon gras ou maigre , & les
ſervez chaudes , ſans autre préparation.

Délicat & ſain.

Solles en Riffoles.

Prenez de petites folles bien fraîches & les faites mariner dans le jus
de deux citrons, avec fel, poivre &
fines herbes hachées ; égouttez-les &
les farciffez avec de la mie de pain
mitonnée dans du lait bouillant, &
liée avec deux jaunes d'œufs ; farciffez-en vos petites folles ; faupoudrez-
les de fleur de farine & les faites
frire à la poële d'une jolie couleur ;
fervez-les fur un lit de perfil ou de
cerfeuil : elles doivent être d'un
jaune doré & bien croquantes.

Hors-d'œuvre apparent & agréable.

Maquereaux.

On les prépare comme les merlans
en hors-d'œuvre gras ou maigre.

Eperlans à l'Italienne.

Faites bouillir en cassserole un grand verre de vin blanc, un demi-verre d'eau, deux cuillerées d'huile, deux tranches de citron, une pincée de sel & une pincée de fenouil; faites-y cuire vos éperlans & les servez ensuite à sec, ou bien faites une liaison & la sauce ci-dessus avec des jaunes d'œufs & un peu de cerfeuil haché. Excellens & sains.

Eperlans à la Provençale.

Faites-les cuire dans moitié vin blanc & moitié bouillon, avec deux ou trois gousses d'ail entieres; égouttez-les & les dressez dans le plat; faites blanchir en casserole quelques morilles & culs d'artichauts avec un

bouquet de fines herbes ; mouillez-
les avec du vin de Champagne & un
peu d'huile ; ajoutez-y perfil haché ;
faites mijotter une demi-heure, &
fervez chaud.

Rougets & Vives.

Les rougets & les vives peuvent
également s'accommoder comme les
limandes & les maquereaux. Ils font
eftimés marinés dans le jus de citron
& frits de belle couleur : on peut enfin les accommoder à toutes fortes
de fauces.

Ils donnent quantité d'hors-d'œuvres délicats & fains.

CHAPITRE VII.

Des Oeufs en Hors-d'œuvres.

Oeufs aux culs d'Artichauts.

Faites blanchir des culs d'artichauts, hachez-les, & les paffez fur
le feu avec un peu de beurre ; mouillez-les avec du bon bouillon maigre ou gras, faites durcir une demi-
douzaine d'œufs, coupez-les en deux
en travers, hachez les jaunes avec
fel & poivre, mêlez-les à vos culs
d'artichauts, laiffez mijotter le tout
enfemble ; en finifant, liez-les avec
deux jaunes d'œufs frais & fervez.

Les œufs aux morilles fe font de la
même maniere.

Oeufs à la Tripe.

Faites cuire des petits pois dans du beurre avec un bouquet, mouillez-les de crême & d'une goutte d'eau, étant bien moëlleux, paffez-les en purée, & coupez-y fept à huit œufs frais, que vous aurez auparavant fait durcir ; laiffez mitonner le tout demi-heure, & fervez chaud.

Hors-d'œuvre délicat & fain.

Oeufs à la tripe en gras.

Faites fondre du lard en cafferole, & cinq ou fix oignons coupés par tranches, paffez-les fur le feu, faupoudrez-les d'une groffe pincée de fleur de farine, & les mouillez d'un bon ju: de veau avec fel & poivre ; lorfque le tout fera bien lié, coupez-y par rouelles ou tranches des

œufs durs & quelques cornichons
coupés par filets, laiffez mitonner
demie-heure & fervez-les chauds ;
eu les finiffant, on y ajoute un filet
de vinaigre blanc, ils en font plus
délicats.

Hors-d'œuvre reftaurant, délicat &
fucculent.

Oeufs aux Afperges.

Coupez de petites afperges en
maniere de petits pois ; faites-les blanchir & cuire dans du bon bouillon ;
pochez des œufs à l'eau bien mollets ;
dreffez-les fur un plat, & verfez
deffus vos pointes d'afperges bien accommodées.

Hors-d'œuvre reftaurant & agréable ; on y mêle quelquefois de la fan-
rieue.

Oeufs aux petits pois.

Ils fe préparent comme les œufs
aux afperges, il n'y a d'autre différence que celle de préparer les petits
pois au fel ou au fucre, en les nourriffant avec du bouillon ou de la cré-
me douce.

Ils font délicieux & fains.

Oeufs aux celeris, aux gardes, à la chi- *corée, aux truffes.*

C'eft toûjours la même préparation
que les œufs pochés aux afperges,
fur lefquels on verfe tel ragoût gras
ou maigre, ou tels racines & légumes que l'on veut.

Un cuifinier intelligent les varie
à fon gré, & en imagine journelle-
ment de nouveaux apprêts.

Tome III.　　　　T

Oeufs à la Jardiniere.

Accomodés un bon ragoût d'oseil-
les, de laitues, d'épinards ou de concombres, en un mot de tels légumes que vous voudrez, soit en gras
ou en maigre, dressez-les sur votre
plat & y placez autour un cercle
d'œufs frais à demi durs ou mollets;
on peut également y placer des œufs
pochés.

Hors-d'œuvres excellens & très-
sains.

Oeufs à la Crême.

Faites durcir une douzaine d'œufs,
fendez-les en long et pilez-en les
jaunes avec beurre, sel, poivre, persil & morilles hachées; ajoutez-y
une mie de pain bouillie dans de la
crême; pilez le tout ensemble, liés

avec un jaune d'œuf frais, farciſſez-
en vos œufs & les refermez.

Compoſez enſuite une ſauce au
beurre, trempez-y vos œufs un inſtant, panez-les de mie de pain &
leur faites prendre couleur au four
de ſanté, ou bien ſous une tourtierre.

Hors-d'œuvre délicat & apparent.

Œufs au Jus.

Pochez à l'eau des œufs bien frais;
lorſqu'ils ſeront mollets, égouttez-
les, ôtez-en la coquille & les ſervez
ſur un beau jus de veau bien clarifié
& réduit.

Hors-d'œuvre très-ſain & généralement eſtimé.

Œufs Farcis.

Faites revenir en caſſerole l'oſeille;

laitue , chicorée , & (hachés menus,) avec un morceau de beurre,
fel , poivre , perfil, ciboule ; faites
cuire & mitonner le tout enfemble ;
fur la fin ajoutez-y quatre jaunes
d'œufs , délayez-les avec de la crême
douce , & les garniffez enfuite
avec des œufs mollets ; fervez-les
chauds.

Ils font très-délicats & fains.

Œufs au Gratin.

Frottez un plat de terre ou d'argent avec un bon morceau de beurre,
arrangez fur le beurre des tranches
de pain bien minces , arrosez-les
avec un verre de crême douce , caffez-y huit à dix œufs & les faites
cuire à petit feu.

Hors - d'œuvre agréable & appétiffant.

O.ufs au Miroir.

Frottez un plat avec un bon morceau de beurre, caſſez-y tout ſimplement des œufs, poudrez-les de ſel, poivre & muſcade rapée, faites-les cuire ſur des cendres chaudes, & paſſez une pelle chaude ſur les endroits les moins cuits.

Ils ſont ſimples & délicats.

Oeufs à la Piemontaiſe.

Frottez un plat de beurre frais, poudrez-le de mie de pain, rangez-y des tranches de fromage de ſuiſſe ou de gruyeres bien minces, caſſez deſſus une douzaine d'œufs frais, aſſaiſſonnez-les modérément, & les faites cuire ſur des cendres chaudes, glacez-les avec une pelle rouge.

T iij

Oeufs à la Palatine.

Caffez des œufs frais dans du
bouillon maigre, affaifonnez-les légérement & les faites cuire à petit
feu, poudrez-les de fromage rapé,
& leur faites prendre une belle couleur, dorée avec la pelle rouge,
en obfervant qu'ils ne fe brûlent
pas.

Hors-d'œuvre un peu péfant.

Oeufs à l'Angloife.

Ils fe préparent comme les œufs
à la crême ; il faut que la fauce
foit blanche, légere & des plus moëlleufe.

Oeufs à Redingotte.

Fouettez une douzaine de blancs

d'œufs, dont on a séparé les jaunes ; délayez vos jaunes avec du jus de poisson ou de veau, formez du tout un petit salpicon que vous ferez cuire à feu doux.

Foncez une casserole avec une crépine légere, versez-y dedans votre appareil, recouvrez-le des bors de la crépine, & les faites reduire dix minutes sous une tourtiere ; on peut, si l'on veut, passer la crépine avant de la faire cuire ; servez-les avec du jus ou sans jus.

Terrine d'Oeufs.

Faites-en durcir une douzaine, & les coupez comme si vous vouliez les mettre à la tripe.

Faites revenir dans beurre fondu en casserole des culs d'artichauts, pointes d'asperges, morilles & corni-chons ; mouillez les d'un bon jus de

veau ou de poiſſon , ajoutez y des
perits œufs , crêtes , foies gras , ris
de veau , & telles autres garnitures
que vous aurez ; faites cuire & bien
lier votre ragoût ; lorſqu'il ſera bien
mouëlleux, vous y jetterez vos œufs,
& les laiſſerez mitonner un quart-
d'heure ; ſervez chaudement.

Les terrines qui ſont ordinairement qualifiées d'hors-d'œuvres, peuvent au beſoin ſe ſervir en entrées ;
elles ſont reſtaurantes , ſaines & apparentes.

Oeufs à la Mariniere.

Préparez des laitances de poiſſon
à la ſauce à la carpe ; pochez des
œufs à l'eau & les ſervez ſur votre ragoût de laitances.

Les œufs aux écréviſſes ſe préparent au coulit d'écréviſſes, & ſe fi-
niſſent avec un cercle de queues d'é-

créaiffes qu'on range tout autour.

Oeufs en Surprise.

Pochez des œufs à l'eau, en obfervant qu'ils foient bien mollets ;
faites les mariner dans le jus de citron avec fel & perfil ; faites égoutter vos œufs & les trempez dans une
pâtefine, faites-les frire l'un après l'autre d'une belle couleur & les fervez
fur un lit de perfil.

Oeufs au ballon.

Beurrez une timbale tout autour
intérieurement ; faites à la poële trois
ou quatre omelettes bien minces ;
étant froides , coupez - les de façon
qu'elles entrent juftes dans la timbale.

Compofez une farce fine , foit en
gras foit en maigre ; placez une premiere omelette au fond de la tim-

T v

balle, garniſſez-là d'un lit de farce
épais d'un demi-pouce, recouvrez-
le d'une ſeconde omelette, ſur laquelle vous coucherez auſſi un lit de
farce, recouvrez-le de votre troiſieme
omelette; panez le deſſus, & l'ex-
poſez un demi-quart d'heure au four
pour faire gonfler le tout & achever
d'y prendre une belle couleur dorée.

Renverſez votre ballon ſur un plat
& le ſervez chaud : ſi on le pane
avec du fromage de Parme, c'eſt ce
qu'on appelle un ſoulperon de Florence, mais il devient alors trop pe-
ſant, hors-d'œuvre, délicat & apparent.

Oeufs à la Provençale.

Faites durcir vos œufs & les coupez par tranches comme pour les
mettre à la tripe.

Faites fondre en caſſerolle du

beurre manié de fleur de farine ,
avec perfil & échalottes hachées,
menu fel, poivre, demi verre d'huile
& demi-verre de crême douce ; tou-
nez la fauce fur le feu , & lorfqu'elle
fera bien liée, jettez-y vos œufs :
laiffez-les mitonner un quart-d'heure,
& les fervez chauds.

Délicats , appétiffants , & fains.

Oeufs à la Créme.

Faites durcir des œufs , coupez-les
par rouelles : faites fondre en cafferole du beurre avec cerfeuil, eftragon, & fiboules hachées, fel, mufcade, & une pincée de fleur de farine ;
délayez le tout avec de la crême
douce.

Quand la fauce fera bien liée, jettez-
y vos œufs un quart-d'heure ; & en
rempliffez enfuite de petites caiffes
de papier pliées comme des papiers

T vj

à bifcuit ; panez-les , & leur faites prendre une belle couleur fous la tourtierre.

Hors - d'œuvre agréable & fain.

Œufs frits.

Faites durcir une douzaine d'œufs, féparez-en les jaunes , & en faites une farce fine en les pilant avec beurre fel , poivre , mufcade , perfil & cerfeuil hachés, farciffez-en vos blancs d'œufs durs , qui ne doivent être ouverts qu'à demi ; faupoudrez-les de fleur de farine , & les faites frire d'un beau blond doré ; fervez les fur un lit de perfil frit d'un beau vert croquant,

Œufs à la Gafcogne.

Faites durcir des œufs qui foient encore mollets.

Epluchez vingt-gousses d'aïl, & les faires cuire dans l'eau avec un peu de sel, pilez-les avec une demi-douzaine d'anchois lavez à l'eau froide ; délayez le tout avec de l'huile d'olive que vous y verserez peu à peu dans le mortier en pilant toujours, jusqu'à ce qu'il résulte de tout une pommade moëlleuse & blanche ; versez-là au fond d'un plat, & dressez y dessus vos œufs mollets sans les écraser.

Hors - d'œuvre chaud & appétissant.

Oeufs glacés.

Faites durcir huit œufs frais, ouvrez les à demi, & mettez à la place du jaune une farce fine qui soit cuite & moëlleuse.

Faites blanchir & cuire dans du bon bouillon des tranches fines de veau piquée de menus lardons, assez

grandes pour couvrir vos œufs durs ;
lorfqu'elles feront bien cuites, faites
chauffer vos œufs dans un bon jus
de veau : dreffez-les dans un plat, &
les couvrez chacun d'une tranche de
veau.

Faites réduire la fauffe au caramel,
& en glacez vos petits fricandeaux.

Hors - d'œuvre apparent, délicat
& fain.

Oeufs au mirotons.

Faites revenir en cafferole dans
du beurre fondu , des morilles,
culs d'artichauts & échalottes hachés
menu ; mouillez-les de bon bouillon,
& les faites mittoner ; donnez-leur
une liaifon de deux jaunes d'œufs,
verfez cette fauce & garniture fur
une douzaine d'œufs pochés à l'eau,
& cuits mollets.

Excellens & très-délicats.

Oeufs aux Huîtres.

Faites fondre en cafferole demie-livre de beurre frais, avec perfil, ciboules & morilles hachées menu, fel, poivre & mufcadé rapée : faites durcir cinq ou fix œufs, & fortez de leur coquilles quatre douzaine d'huîtres ; faites d'abord revenir vos huîtres en cafferole; lorfqu'elles auront pris goût, vous y couperez par tranche vos œufs après les avoir fait durcir; laiffez mittoner le tout enfemble pendant un gros quart-d'heure, & en rempliffez des coquilles de mer.

Saupoudrez-les de rapure de croute de pain, & leur faites prendre couleur au four dans une tourtiere.

Oeufs au beurre Noir.

Caffez fept à huit œufs frais dans un plat: faites fondre, & rouffir à la

poëlle demie-livre de beurre ; lorfqu'il fera d'un beau brun , jettez y
vos œufs tout entiers , en ayant
foin de faire courrir le beurre roux
au-deffus même de vos œufs afin
qu'ils cuifent également par-tout.

Lorfqu'ils feront affez cuits au-
deffous, verfez les dans un plat ,
& ayant fait rougir une pelle , paffez-
la fur tous les endroits qui ne feront
pas affez cuits.

Verfez demi-verre de vinaigre
dans le beurre noir qui reftera au
fond de la poëlle, faites lui prendre
quatre bouillons fur le feu , & le
verfez tout bouillant fur vos œufs.

Affaifonnez modérement avec fel
& poivre.

Hors - d'œuvre très - appétiffant ,
mais fec & peu reftaurant.

Autres hors-d'œuvres.

On comprend encore au nombre

des hors-dœuvres maigres, un nombre considérable de petits pâtés au poisson , & d'autres menues pieces de pâtisserie, dont les apprêts, la composition & la direction ont été amplement détaillés dans le volume de la pâtisserie de santé, qui fait partie de cet ouvrage.

LIVRE XIV.

Des Pieces de Rôt en maigre.

CHAPITRE PRÉMIER.

Du Rôt en Maigre.

Les pieces de rôt en maigre font ordinairément compofées de beaux poiffons de mer ou de riviere, ou des plus belles pieces des gros poiffons de mer ; leur préparation eft fimple, elle confifte uniquement à les faire cuire au bleu ou au court bouillon.

Ou bien à les faire rôtir à la bro-

che, fur le grille ou au four, fuivant les apprêts & les affaifonne-
mens que nous allons indiquer ré-
lativement à chaque efpece de poiffon de mer ou d'eau douce.

Il fuffira d'en fuivre exactement
les détails, pour réuffir à fe procurer
une infinité de plâts de rôts en maigre, qui peuvent fe fervir fur les plus
riches tables; comme fur celles des
fimples particuliers.

CHAPITRE II.

Rôt de Tanches , Perches, Carres &
Brochets.

Tanches au court Bouillon.

Choisissez de belles tanches fraîches, & dont les yeux foient bril-

lans ; écaillez-les , vuidez , lavez &
les nettoyez par-tout ; mêlez-leur dans
le corps un morceau de beurre manié
de fel , p ivre & fines herbes

Placez-les dans une poiffonniere
au deffus de la plaque , ou feuille
percée à jour , qui fert à fortir &
enlever le poiffon dans fon entier
fans le rompre ; faités bouillir deux
verres de bon vinaigre & le verfez
fur votre poiffon pour le mariner
demie-heure ; égoutez ce vinaigre &
verfez fur vos tanches moitié court
bouillon ordinaire & moitié vin
blanc ; fi l'on n'a pas de bouillon
maigre, on y met fimplement de l'eau
douce , faites-le cuire à gros bouillon , égoutez-le , fortez-le, de la poif-
fonnniere & les fervez entieres fur
une ferviette blanche.

Rôt délicat & fain.

Tanches Rôties.

Echaudez foigneufement de belles

tanches, écaillez-les & leur coupez
la tête & les nageoires ; vuidez-les
par les ouies ; effuyez-les & leur mettez dans le corps un bon morceau
de beurre manié de fines herbes ;
faites-les mariner cinq minutes dans
un peu de beurre fondu , avec fel ,
poivre & fines herbes hachées , &
puis les faites griller à petit feu jufqu'à ce qu'elles foient croquantes &
d'un beau blond doré.

Tanches Frites.

Echaudez-les & les nettoyez comme
ci-deffus ; arrofez-les d'un jus de citron , faupoudrez-les par-tout avec
de la fleur de farine , & les faites
frire à la poële dans du beurre frais ,
jufqu'à ce qu'elles foient d'une belle
couleur.

En Provence , on les fait frire à
l'huile d'olive bouillante ; elles en

font plus délicates pour ceux qui ne craignent pas le goût de l'huile bouillie.

Perches au court-Bouillon.

Choisissez de grosses perches, ôtez-en les ouies & les vuidez ; faites-les cuire au court-bouillon dans une poissonniere, en les mouillant avec moitié vin de Champagne & un peu de beurre ; étant cuites à points, égoutez-les & les servez sur une serviette blanche.

Perches rôties en Anguilles.

Nettoyez & écaillez de jeunes perches, levez-en les filets & les faites mariner avec sel, poivre, bouillon, le jus d'un citron & fines herbes hachées menu ; une heure après égoutez-les, trempez-les un instant dans

des blancs d'œufs fouettés ; farinez-
les & les maniez avec une farce
fine de poisson ; (voyez le chapitre
des farces) donnez à vos filets réunis la forme d'une grosse anguille ;
pannez-la & la faites rôtir au four ou
dans une tourtiere.

Elles sont croquantes, saines & délicates.

Carpe au Bleu.

Ecaillez, lavez & videz votre carpe, ôtez-lui les ouies, & remplacez
les entrailles avec un morceau de beurre
manié.

Placez votre carpe sur la feui'le
d'une poissonniere ; versez-y dessus
un verre de vinaigre bouillant ; égouttez la cinq minutes après, & y mettez un court-bouillon composé de
moitié de vin & moitié bouillon
maigre ; oignons blancs coupés par

grosses tranches, bouquet de fines herbes, la moitié d'un citron, sel, poivre & persil ; faites-la bouillir jusqu'à parfaite cuison; étant cuite, sortez-la, égouttez-la & la dressez sur une serviette blanche.

Carpe à la Broche.

Prenez une grosse carpe, écaillez-la & la nettoyez à l'ordinaire; piquez-la avec de gros lardons d'anchois bien assaisonnés ; faites remplacer les entrailles avec un morceau de beurre manié de fines herbes, ou bien d'une farce fine au poisson ; mettez-la à la broche & la couvrez d'un papier beurré, en l'arrosant à mesure qu'elle cuit avec le même jus qui en découlera ; étant cuite & rôtie de belle couleur, servez-la très-chaude.

Brochets

Brochet au court-bouillon.

Prenez un beau brochet de fept à huit livres, faites le mortifier pendant deux ou trois jours, & cuire exactement de la même maniere & dans les mêmes apprêts que la carpe au bleu : on le fert de même fur une ferviette blanche.

Rôti délicieux & fain.

Brochet rôti.

Choififfez un gros brochet, nettoyez-le à l'ordinaire, piquez-en le deffus avec des petits lardons d'anchois & quelques filets de cornichons ou de truffes, farciffez votre brochet avec une farce délicate au goût des amateurs; mettez-le à la broche, enveloppé d'un papier bien beurré, arofez-le avec du vin blanc bouillant;

& lorfqu'il fera cuit aux deux tiers ;
ôtez-lui fon papier pour lui faire
prendre une belle couleur dorée :
fervez-le chaud.

Fort délicat & apparent.

CHAPITRE III.

Rôt de Truites, d'Anguilles, Lottes, &c.

Truites à l'eau.

P<small>RENEZ</small> de belles truites, vuidez-
les fans les écailler , piquez-les par-
tout avec une groffe aiguille & les
faupoudrez de fel fin , laiffez-les s'y
mortifier & s'attendrir une demi-
journée ; reffuyez - les & les faites
cuire dans une poiffonniere avec eau
bouillante , laurier , fel , poivre ,

fines herbes ; étant cuittes à point, égoutez-les, & les servez sur une serviette.

Rôti délicat & très-fain.

Truites au vin.

Elles se préparent exactement de la même maniere que les truites à l'eau, excepté qu'au lieu d'eau on les fait cuire dans du bon vin blanc ou du champagne blanc & quelques petits oignons Le vin leur donne un goût plus relevé & plus appétif-fant.

Truites au court-bouillon.

Choififfez de groffes truites, videz-les, lavez-les, & leur ôtez les ouies; mettez leur en place des entrailles une petite farce fine, ou bien un morceau de beurre manié avec fines herbes; enveloppez-les dans une

ferviette blanche , & verfez deffus un grand verre de vinaigre bouillant ; faites bouillir enfuite du vin
blanc avec moitié bouillon , quelques
brins d'eftragon , fel & poivre ; ver-
fez-le bouillant fur vos truites , &
continuez de les faire bouillir jufqu'à
ce qu'elles foient cuites ; égoutez-
les , & les fervez fur une ferviette
blanche.

Excellentes & délicates.

Anguille marinée.

Dépouillez une belle anguille &
la cifelez des deux côtez ; faites-là
mariner dans du vinaigre avec fel ,
poivre & fines herbes ; égoutez-là ,
reffuyez-là & la faupoudrez de fleur-
de farine pour la faire cuire fur le
gril , tortillée en colimaçon.

Rôti délicat & recherché.

Anguille à la broche.

Prenez une groſſe anguille, dépouillez-là, piquez-la de menu-lard & la faites mariner dans moitié vinaigre & moitié bouillon, avec ſel, poivre & fines herbes hachées; lorſqu'elle aura été deux ou trois heures dans la marinade, mettez-la à la broche & l'enveloppez d'une feuille de papier blanc bien beurrée; arroſez-là avec un verre de vin blanc bouillant & ce qui en dégoutera de la léchefrite; faites-la cuire à petit feu, & lorſqu'elle ſera preſque cuite vous ôterez le papier pour qu'elle prenne une couleur rôtie : ſervez-là environnée de croûtons de pain rôtis & couvert de tranches de ſaumon grillé, ou de petites ſolles rôties.

Turban d'Anguilles.

Choiſiſſez une douzaine d'anguilles

de moyenne groffeur; dépouillez-les
& les faites mariner dans du beutre
fondu avec toutes fortes de fines
herbes hachées.

Prenez l'écaille de deffus d'une
groffe tortue de riviere, entourez-là
de vos anguilles en obfervant de
placer la plus groffe en bas, la fui-
vante au-deffus, en les tournant en
cercle comme des cerceaux, & fixant
la queue autour de la tête avec un
bout de gros fil.

Lorfque vous les aurez toutes placées en pain de fucre & dans la forme
d'un bonnet turc, faupoudrez-les
de chapelurre de pain, & les faites
cuire au four à petit feu; lorfqu'elles
feront d'une jolie couleur, on les
fert fur un beau lit de perfil verd.

Il faut avoir foin de les arrofer
avec du beurre fondu, pour qu'elles
ne fe deffechent pas au four, & les
fixer fur la coquille avec des bouts

de fil pour qu'elles ne s'en féparent
pas en cuifant ; à l'inftant de les fervir
on en fépare la coquille ou on la laiffe
à volonté.

C'eft une maniere délicate & apparente de fervir en rôti des anguilles
qui ne font pas d'une belle groffeur.

Il faut choifir de préférence celles
qui font prifes dans des eaux cou-
rantes, plutôt que celles qui viennent
des mares d'eau ou des étangs.

Lottes rôties en friture.

Jettez vos lottes toutes en vie dans
un eau chaude qui ne commence
qu'à frémir ; enfuite ouvrez-les, en
ayant foin de leur ôter la veflicule
du fiel fans la créver, ce qui lui
communiqueroit une amertume des
plus défagréables ; reffuyez les avec
du linge blanc ; faupoudrez-les de
fleur de farine, & les faites frire de
belle couleur.

V iv

Lamproie à la Tartare.

Echaudez-la dans une eau bien
chaude, nettoyez-là, & la faites cuire
à demi dans une petite braise bien
nourrie ; lorsqu'elle y aura pris goût
& une belle couleur, vous la trem-
perez dans des œufs battus, & lui
ferez prendre couleur aurore au four
ou bien tout uniment à feu doux fur
le gril.

Cette maniere de les préparer eft
faine, délicate & reftaurante ; elle
leur conferve tout leur fuc & en
communique avec plus d'abondance
aux poiffons qui ne font pas nourris
en chair.

La brême & les goujons fe fervent
en friture.

CHAPITRE IV.

Pieces de rôt du Saumon, du Turbot
& de l'Esturgeon.

Saumon au court-bouillon.

Vuidez, nettoyez & ressuyez votre
saumon, enveloppez-le dans une
serviette & le faites cuire au court-
bouillon dans une grande poissonnière;
vous commencérez d'abord par verser dessus deux vertes de vinaigre
bouillant, ensuite vous y jetterez
moitié eau & moitié vin avec demi-
livre de beurre; faites-le bouillir à
petit feu, ajoutez-y sel, poivre &
bouquets de fines herbes, finissez de
le cuire, égoutez-le & le servez

V v

entier à fec fur une ferviette bien blanche.

Beaucoup de bons cuifiniers le font cuire tout fimplement dans une faumure d'eau, fel avec vinaigre bouillant; ils font auffi fains, mais ils ont moins de faveur & de délicateffe que quand ils font cuits dans moitié eau, fel & moitié vin blanc.

C'eft un plat de rôt des plus apparens.

Saumon à l'huile.

Choififfez une belle tranche de faumon falé; faites-la tremper trois jours dans l'eau pour la deffaler, en obfervant de changer d'eau fraîche foir & matin fans le toucher avec les doigts; faites-le cuire à gros bouillons & le laiffez refroidir dans fon eau; dreffez-le enfuite fur un plat avec des fines herbes, du poivre mignonnette & de l'huile d'olive bien douce.

Le faumon à l'huile fe fert en guife de rôt ; mais on ne doit en manger qu'avec modération , car il eft pefant & indigefte.

Turbot au court-bouillon.

Nettoyez votre turbot & le placez dans une turbotiere ou grande caffe-role ronde , au-deffus d'une grande feuille à poiffon qui puiffe aider à l'enlever avec facilité ; recouvrez-le d'un linge , mettez-y moitié eau , moitié vin blanc , fel , poivre , lau-rier , & ajoutez-y une pinte de lait & un bon morceau de beurre , pla-cez votre turbotiere fur des cendres chaudes , & faites cuire long temps votre poiffon à une chaleur douce fans le faire bouillir ; étant cuit , en-levez-le avec fa feuille & le faire glifser dans un grand plat, au fond duquel vous aurez placez une serviette blanche.

Comme le turbot est ordinairement très-plat, on peut lui donner une forme plus apparente & plus gonflée, en lui mettant une petite mie de pain trempée dans du lait à la place des entrailles qu'on en a ôtées; mais il faut faire cette opération avant de le faire cuire, & ne pas en mettre trop de peur qu'elle ne fasse crever le turbot en s'y gonflant outre mesure.

Turbot au four.

Faites cuire à demi votre turbot dans le court-bouillon ci-dessus, sortez-le, passez-le, dressez-le sur un plat & le couvrez de chapelure de pain; mettez-le achever de cuire au four doux jusqu'à ce qu'il y ait pris

une belle couleur dorée , & le fervez
à fel.

On peut préparer de la même maniere les turbotins , les faumoneaux
& beaucoup d'autres poiffons demer,
quoiqu'ils aient moins d'apparence ,
ils n'en font ni moins fains ni moins
délicats.

Efturgeon au court-bouillon.

Nettoyez , vuidez & lavez un bel
efturgeon , rempliffez-lui le corps
d'une poignée de fines herbes hachées
& maniées avec un morceau de beurre;
affaiffonnez-les à l'ordinaire & le faites
cuire au court-bouillon , compofé de
moitié bouillon , moitié vin blanc ,
petits oignons blancs , fel & poivre ,
fortez-le , égoutez-le & le fervez
fur une ferviette blanche.

CHAPITRE V.

Raies, Aloses, Carrelets & Limandes, &c.

Raie pour rôt.

NETTOYEZ LA, lavez-la & lui ôtez proprement la peau des deux côtés; marinez-la avec eau, vinaigre, sel, poivre, oignons, persil & beurre manié de fleur de farine; faites chauffer la marinade, laissez y revenir votre raie pendant trois heures; égoutez-la, farinez-la & la faites frire d'une belle couleur garnie de persil frit en verd.

Sa fadeur naturelle est un peu relevée par la friture.

Aloses, *Carrelets & Limandes au court-bouillon.*

Se préparent exactement comme l'efturgeon & les autres poiffons d'eau douce ; ils fe fervent de la même maniere.

Limandes frites.

Nettoyez-les à l'ordinaire ; cifelez-les fur le dos, farinez-les & les faites frire à propos, en les confer-vant d'une belle couleur ; elles ne demandent qu'un feu doux, & font faines & délicates ; en les fortant de la poële, il faut les faupoudrer de fel pilé très-fin, cela leur donne un goût plus délicat.

Lauriots rôtis.

Faites-les revenir dans une bonne

marinade chaude, composée comme celle de la raie pour rôts, ciselez-les fur le dos, rempliffez-les de fines herbes hachées & maniées avec du beurre frais, & les faites rôtir à propos fur le gril, en obfervant qu'ils foient cuits d'une belle couleur.

Ils font fains & agréables.

CHAPITRE VI.

Rôt de Morües, Soiles, Maquereaux & Eperlans.

Morue rôtie au four.

CHOISISSEZ un beau morceau de morue fraîche; faites fondre en caf-ferole du beurre avec perfil & ifines

herbes hachées très-menu, trempez-
y bien votre morue de tous les côtés,
paffez-la; faites-la cuire au four jufqu'à ce qu'elle ait acquis une belle
couleur.

Cette maniere eft la plus faine &
la moins fatiguante à l'eftomac.

Morue au court-bouillon.

Nettoyez-la & la vuidez proprement, lavez-la bien, effuyez-la & la
faites cuire dans une poiffonniere,
avec eau, fel, vinaigre, un grand
verre de bon vin & fines herbes en
bouquet; faites-la cuire à petit bouillon & la fervez froide fur une ferviette
pliée en lozange.

Rôt agréable, mais moins fain que
le précédent.

Solles rôties.

Choififfez de préférence des folles

de moyenne grosseur, qui soient épaisses, mais d'un jaune couleur de safran ; écaillez-les , vuidez-les par derriere & les essuyez ; trempez-les un instant dans du beurre fondu ; saupoudrez-les de fleur de farine & les faites frire de belle couleur dans une friture qui ne fasse que frémir , car la solle étant délicate, s'y dessécheroit.

Agréable & sain.

Maquereaux à la broche.

Nettoyez-les à l'ordinaire; & s'ils sont gros , lardez-les avec des petits lardons d'anchois ou des filets de truffes noires. Préparez en deux ou trois de la même maniere & les mettez à la broche en les liant bien serré à la tête & à la queue : faites les rôtir à petit feu en les arrosant avec du beurre fondu; & lorsqu'ils auront acquis une belle couleur &

reçu affez de cuiffon, ôtez-les de la broche & les fervez à fec ou bien fur un lic de perfil.

Excellents & très-fains.

Eperlans frits.

Nettoyez-les avec foin, & les enfilez dans une brochette ; couvrez-les bien de fleur de farine , & les faites frire à l'ordinaire dans du beurre qui frémiffe doucement : fervez-les fur un lic de perfil.

Eperlans dorés.

Préparez-les comme ci-deffus ; faites les enfuite tremper dans une omelette d'œufs, puis couvrez les de chapelure ou de mie de pain émiéttée, & les faites frire ou cuire fur le gril , ou dans une tourtiere.

Ils font croquants & fains,

Merlans rotis.

Ils fe préparent & s'accomodent exactement comme les maqueraux à la broche ; fi on ne les pique pas , il faut les cifeler & les remplir de mie de pain & de perfil , le tout arrofé avec huile d'olive, fel & poivre.

On les fert ordinairement fur un lit de perfil frit au verd.

CHAPITRE VII.

Rôt de Maquereufes , Rouget , Vives , &c.

Maquereufe rôtie.

PLUMEZ-là , vuidez-là , & avec fon foie compofez en une petite farce

avec perfil , morilles, échalottes ,
fel , poivre & jaunes d'œufs durs ,
liez le tout avec un jaune d'œuf frais
& en rempliffez-le corps ; lardez-en
le deffus avec des anchois panez-la &
la faites cuire à la broche , en l'arrofant
avec le jus qui en découlera

On peut la faire rôtir fans la farcir,
mais c'eft une efpece d'oifeau fauvage
qui fe fert rarement comme piece de
rôt maigre

Rougets au court bouillon

Lavez-les , netoyez-les , & les faites
cuire dans le même court-bouillon que
les poiffons précédent; fervez les égou-
tés fur une ferviette blanche ; on peut
également les faire griller après les
avoir panés de chapelure ou de mie
de pain.

Rougets frits.

Ils fe préparent comme les éper-

lans frits , en obfervant que le beurre
ou l'huile qu'on y emploie frémiffe très-lentement , attendu que la
chair délicatte du rouget eft facile
à être furprife & à fe deffécher entiérement : ils font très-fains & très-
délicats ; & c'eft avec raifon qu'on
appelle les rougets , les perdreaux de
la mer.

Vives frittes.

Cifelez-les fur tout le corps & les
rempliffez de mie de pain mêlée avec
fines herbes , perfil hachés très-menu , fel & poivre ; faites-les frire
dans la poële ou bien à petit feu.
Elles font faines & délicates ; fur-
tout lorfqu'elles ont été nourries en
eau douce,

Vives & Becarts au court-bouillon.

Vuidez-les , ôtez-en les ouies &

les faites cuire dans un court-bouillon
d'eau, fel, & de moitié vin blanc
avec un bouquet de fines herbes,
étant cuits, égoutez-les & les feryez
fur une ferviette blanche.

Ils font fains & favoureux, prin-
cipalement vers le mois de mai.

Rôt de toutes fortes de poiffons.

Toutes les efpeces connues de poiffons de mer ou de riviere peuvent
fe préparer de quatre manieres, ou
bouillies au court - bouillon, &
fervies fur une ferviette blanche, ou
rôties à la broche, piquées & non-
piquées, ou grillées, panées fur
un feu doux, ou bien enfin riffolées
& cuites au four. Les gros poiffons
doivent fe mariner plus ou moins
avant d'être cuits; les autres, & prin
cipalement les poiffons d'étangs & de
riviere, n'en ont pas befoin; il fuffit

qu'ils soient frais & employés promptement, pour fournir quantité de
pieces de rôts maigres qui réunissent l'agrément, la délicatesse, &
la salubrité.

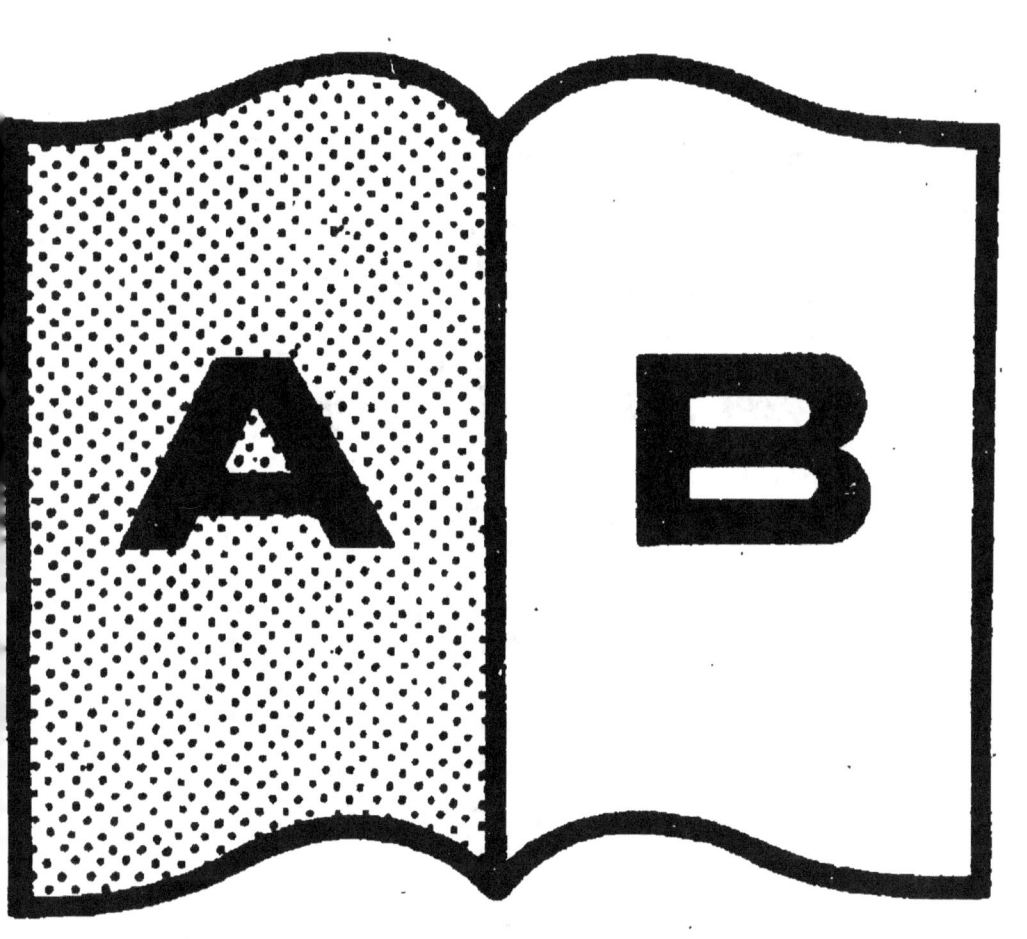

Contraste insuffisant

NF Z 43-120-14

Texte en surimpression

LIVRE XV.

Des Entremêts en maigre.

CHAPITRE PREMIER.

Idée des Entremêts maigres.

LA partie des entremêts maigres eſt preſqu'auſſi riche que celle des entremêts gras ; elle eſt généralement compoſée de toutes les eſpeces de légumes potagers, de graines, plantes, racines, pâtiſſeries, œufs, laitages, crèmes, & quantité de menus poiſſons de mer & de rivieres.

Je vais commencer par donner la

Tome III. X

détail des entremêts compofés de
graines potagères & farineules, après
quoi nous décrirons avec le même
foin tous ceux qui fe recueillent de
la claffe des légumes , &c.

Je me borne à prévenir les artif-
tes & les amateurs dont l'intelligence fertile imagine tous les jours
de nouveaux genres d'entremêts, qu'ils
doivent être légers , avoir peu de
confiftance & ne jamais offrir un trop
grand volume ; comme ils ne font
pas effentiellement néceffaires au
corps d'un repas, que leur membre
varie plus ou moins, & qu'ils font
communément deftinés qu'à accompagner les pièces de réfiftance &c. à
placer entre les mets, ils ne font
effimés qu'autant qu'ils offrent une
fubftance légere, douce, agréable,
friande, & plutôt propre à ranimer
l'appétit qu'à le raffafier.

Je vais commencer par donner le

CHAPITRE II.

Entremets maigres, composés de graines, &c.

Petits Pois à la royale.

Ecossez des petits pois nouveaux dans leur primeur, & les employez aussi-tôt après, en les faisant revenir en casserole avec du beurre frais, deux petits cœurs de laitues, un bouquet de persil, sel & une pincée de sarriette ; faites-les cuire doucement à très-petit feu dans leur propre jus ; lorsqu'ils commenceront à se dessécher, versez-y demi-verre de bon lait, un peu de beurre manié de fleur de farine, & gros comme un œuf de pigeon de fucre; finiffez-les de cuire & les dreffez fur un plat.

C'eft, un entremêt fain, délicat & dès plus généralement eftimés; on le fert fur les plus riches tables tant qu'ils font petits, & le vrai moyen d'en avoir toujours de petits c'eft d'en faire femer tous les quinze jours.

C'eft ainfi qu'on les prépare à la cour de France & d'Angleterre.

Les petits pois à la crème fe préparent de la même manière avec la feule différence qu'on les nourrit avec de la crème double, au lieu de lait.

Petits Pois Flondins.

Ecoffez-les & les fricaffez dans du beurre; mouillez-les avec une liaifon de lait, avec trois jaunes

d'œufs bien battus, & les fervez
chauds:

Entremêts délicats & fains.

Petits Pois en coffe.

On cultive dans les potagers une
e'pèce de petits pois, dont la coffe
même, épluchée defes barbillons, fe
mange, & eft prefqu'auffi tendre que
les petits pois; on commence après
les avoir épluchés à les faire bouillir
demi-heure dans de l'eau, puis on
les fait revenir dans du Beurre, &
on les finit avec une liaifon de jaunes d'œufs battus & détrempés dans
de la crème douce, avec un petit filet
de verjus.

C'eft un plat de verdure qui fait
grand plaifir, qui eft fain & géné-
néralement eftimé.

X iij

Haricots verds.

Prenez les haricots les plus frais, cueillis les plus verds & les plus petits ; épluchez-les, ôtez-en toutes les barbes & les deux extrémités ; faites-les cuire dans de l'eau bouillante avec sel & un peu de beurre.

Etant cuits à l'eau, faites fondre du beurre en casserole, & y faites roussir un oignon coupé par tranches & du persil haché ; mettez-y alors vos haricots verds ; mouillez-les avec bouillon maigre, & les finissez avec une liaison de jaunes d'œufs délayés dans de la crême ou du lait, avec un filet de verjus ou de vinaigre blanc.

Ils sont délicats & sains.

Haricots au sec.

Nétoyez-les & les faites cuire dans

l'eau bouillante ; égouttez-les , faites
leur prendre goût, dans du bon jus
de poisson ; égouttez-les encore &
les servez au sec après les avoir es-
suyés dans un linge blanc.

On peut servir une sauce à part dans
une saucière.

Haricots en allumettes.

Epluchez-les , faites les blanchir
aux trois-quarts ; jettez-les en eau
fraîche & les coupez en filets ; finissez de les faire cuire dans un bon
sirop avec un filet d'eau-de-vie ; égouttez-les, trempez-les dans une pâte à
friture, & les faites frire d'un beau
blond; dressez-les brûlans dans un plat,
& les saupoudrez de sucre en poudre :
ils se glaceront à merveille.

Entremêt agréable & délicat.

X iv

Haricots en grains.

Faites-les cuire tout simplement avec de l'eau bouillante ou dans du bon bouillon, égouttez-les, dressez-les dans un plat & les garnissez de perfil haché avec pimpernelle & estragon, pour les manger en salade.

Entremêt lourd, venteux & indigeste.

Haricots à la croque au sel.

Blanchir à l'eau, frire à la poêle, les couvrir d'une poignée de chapelure de pain frire à la poêle, & les saupoudrer avec du gros sel.

Feves de Marais.

Prenez les plus fraîches & les plus petites, faites-les blanchir & leur
vi X

enlevez la peau qui les couvre si elles
font groffes : achevez de les faire
cuire en caſſerole avec un morceau
de beurre, perſil haché, & du ſel ;
mouillez-les d'un bon jus de poiſſon,
ou d'un verre de blanc ; finiſſez avec
une liaiſon de deux jaunes d'œufs
battus & délayés dans de la crême.

CHAPITRE III.

Entremets compoſés de Ris, Gruaux,
Orges, Saleps, &c.

Riz glacé.

EPLUCHEZ du beau riz du levant &
le laver à pluſieurs repriſes dans des
eaux tiedes en de frottant entre les
mains ; faites le crever à l'eau bouillante, égouttez le & le nourriſſez

avec du bon lait qu'on aura fait bouillir, & réduire à moitié ; saupoudrez-
le d'un beau sucre en poudre, &
avec la pelle rouge glacez-le par-
tout d'un beau brun.

Entremêt sain & délicat.

Riz au lait de Saffran.

Faites cuire & créver du riz dans
du bon bouillon ; ou dans moitié
eau & moitié lait du jour ; ajoutez-
y une bonne pincée de saffran, &
le faites cuire jusqu'à ce qu'il soit
moëlleux & tendre, & qu'il ait acquis une couleur d'or : servez-le avec
du sucre.

Entremêt sain & délicat.

Riz à la crême.

Lavez-le ; néttoyez-le dans cinq
ou six eaux chaudes jusqu'à ce qu'elles
restent claires, essuyez-le dans une

ferviette, & le mettrez cuire dans
une pinte de bon lait avec toute fa
crême, en obfervant que le lait foit
bouillant lorfque vous y jetterez
votre riz.

Lorfqu'il fera prefque cuit, vous
l'affaifonnerez avec fel & fucre, &
y verferez un verre de bonne crême
double pour qu'il foit mieux nourri,
& le ferez frémir un quart-d'heure
fur des cendres chaudes fans le faire
bouillir ; on prendra garde qu'il ne
fe brûle pas, car il feroit déteftable.

Entremêt reftaurant, fubftantiel, &
des plus fains.

Riz à l'Indienne

Faites bouillir un pot de lait ; lorfqu'il eft bien bouillant, verfez-y du
riz à proportion du lait, couvrez
bien le vaiffeau, entourez-le d'un
grand torchon qui le ferme & l'en-

veloppe de toutes parts, & placez
le vase entre deux matelats ; laissez-
le dans cet état cinq ou six heures ;
au bout de ce temps votre riz sera
excellent & cuit au point convenable.

On peut y ajouter sel, sucre ou
caffonade : c'est ainsi qu'on le cuit
aux indes

Riz méringué.

Préparez-le, & le nettoyez dans
plusieurs eaux ; faites-le crever & cuire
dans eau coupée avec moitié lait &
un morceau de sucre ; ajoutez-y un
peu de fleur d'orange & trois macarons pilés ; remuez bien le tout ensemble, & lorsqu'il sera cuit à son
point ; dressez le sur un plat ; couvrez le dessus avec des blancs d'œufs
fouettés ; saupoudrez-le d'un peu de
sucre en poudre, & le mettez un

inſtant au four y prendre une belle couleur.

Délicat, apparent & ſain.

Riz marbré.

Faites cuire du riz au lait, ou meringué à l'ordinaire ; faites fondre du ſucre en caramel liquide plus ou moins brun, a volonté ; on le rendra coulant en y verſant une goutte de lait chaud ; lorſqu'il ſera bruni au poëlon, verſez votre caramel au fond d'un plat, & ſur ce caramel vous verſerez du riz au lait bien chaud ; puis avec la pointe d'un couteau remuez votre riz en tournant doucement le caramel qui bientôt ſurnagera, formera au-deſſus des veines très marquées qu'on pourra varier & étendre plus ou moins en le remuant avec le couteau.

Entremêt apparent, délicat & ſain.

Orges & Gruaux.

Les orges mondés de Provence &
les grúaux de Bretagne se préparent
de la même maniere que les riz
du levant; je ne rappellerai donc
pas des détails qui font absolument
les mêmes.

Il suffira d'observer que les orges,
ont besoin de tremper toute la nuit
dans une eau bouillante qu'on leur
verse dessus, & qu'on couvre; ils en
sont plus moëlleux, plus adoucis,
sans & rendent une plus grande abondance de crême.

CHAPITRE LV.

Entremêts de Celeri, Epinards, Car-
des & Laitues.

Celeri en friture.

LE celeri pour entremêts se sert
communément ou en salade, c'est-
à-dire en grosses branches dépouillées des coffes farées, dont on dresse
les plus blanches dans un saladier
pour les manger à l'huile d'olive;

Ou bien en friture; pour le préparer de cette dernière manière, il
faut le bien éplucher, en séparer
tous les cœurs & branches les plus
blanches, les faire blanchir un instant dans votre marmite, & cuire en

casserole dans un peu de bouillon ;
ressuyez-les entre deux linges ; trempez-les dans une pâte fine de fleur
de farine ; faites-les frire d'un beau
blond dans de la graisse blanche, &
les saupoudrez de sel en sortant de
la poële.

Entremêt agréable , mais peu
sain.

Laitues au Jus.

Exprimez un bon jus de poisson ;
épluchez des laitues & n'en prenez
que les cœurs ; faites-les d'abord
cuire avec du bouillon clair & un
peu de beurre ; égouttez-les , rangez-
les dans une casserole & les arrosez avec votre jus de poisson ; faites-
les mitonner & nourrir lentement ;
servez-les bien chaudes.

Entremêt sain & restaurant.

Cardes, poirées à la crème.

Epluchez-les & les coupez de trois pouces de longueur ; faites-les blanchir & cuire à demi-gros bouillon dans de l'eau avec un peu de beurre & de sel ; égouttez-les.

Faites-les revenir dans une casserole avec beurre, fleur de farine, sel, poivre & muscade, avec un demi-verre d'eau ; tournez votre sauce, liez-la, jettez-y vos cardes & les y nourrissez à petit feu pendant demi-heure sans bouillir ; servez-les chaudement.

Entremêts sain & délicat.

Cardes à l'Italienne.

Préparez-les comme pour les servir à la crème ; dressez-les sur un plat, saupoudrez-les de râpures de

fromage de parme mêlé avec de la
mie de pain ; & les mettez au four
ou sous une tourtiere jusqu'à ce
qu'elles aient pris une belle couleur.

On peut aussi y ajouter du
& de la coriandre mais ce mélange
mélange n'est pas généralement estimé
en France.

Faites-les cuire comme à la crème,
& lorsqu'elles seront tendres, blanches & bien égouttées, composez
une sauce avec beurre, sel, poivre,
muscade & fleur de farine délayée
avec du lait ; tournez votre sauce
un instant ; mettez-y vos cardes &
les y laissez prendre goût un quart-
d'heure ; servez-les chaudement.

On peut, avec les côtes d'artichauts
préparées de la même manière, &

frir des plats d'entremêts également
sains & agréables.

Epinards à la bonne Femme.

Epluchez-les, lavez-les & les faites blanchir à gros bouillon pour
qu'ils se conservent toujours verds ;
ajoutez à leur eau trois oignons blancs
piqués de girofle, fines herbes, sel
& poivre ; quand ils seront cuits
sortez-les, égouttez-les en les prenant dans une passoire ; hachez-les
très-fin, remettez-les en casserole
dans du beurre fondu ; remuez-les
souvent, ajoutez-y un demi-verre
de crême ou de lait bien frais & les
servez bien chauds.

Ils sont délicats & très-sains.

Epinards à la Villeroi.

Faites-les blanchir & cuire comme

ci-devant ; preſſez-les , hachez-les très-fin & les faites revenir & cuire en caſſerole dans beurre , lait ou crême , un brin d'eſtragon & du ſucre en poudre ; ſervez chaud.

Epinards à l'Italienne.

Faites-les blanchir & cuire dans de l'eau bouillante ; égouttez-les , preſſez-les , ne les hachez pas & les faites revenir tout entiers dans un verre de bonne huile bouillante en caſſerole, avec ſel, poivre & deux gouſſes d'ail ; étant cuits bien moel-leux, ôtez-les du feu, dégraiſſez-les de toute huile qui pourroit ſurnager; dreſſez-les dans un plat autour du-quel vous ferez un cercle de petits croûtons de pain frits dans de la bonne huile.

Agréable & délicat.

CHAPITRE H.

Entremêts d'Artichauts, d'Asperges &
Choux-fleurs.

Artichauts au blanc.

Epluchez-en soigneusement le dessous, coupez le sommet des feuilles
pointues en façon de cône tronqué;
faites-les cuire dans de l'eau bouillante avec sel & un peu de beurre;
étant cuits, enlevez le cœur du milieu; ôtez-en tout le foin, remettez
le cœur en place & servez-les, arrosés ou accompagnés d'une bonne
sauce blanche.

Bons, mais peu délicats.

Artichauts à la Maintpoute.

Choississez sept à huit artichauts qui soient encore jeunes & tendres, épluchez-en le dessous, coupez-en la pointe & les faites blanchir dix minutes dans de l'eau bouillante ; sortez-les & en séparez tout le foin.

Emiettez finement une grosse mie de pain, & y mêlangez cerfeuil, estragon & persil hachés très-menus, sel, poivre, un peu de muscade ; arrosez cette espece de farce avec de l'huile d'olive, au point de la lier épais comme du beurre frais ; remplacez tout le foin de vos artichauts avec cet appareil, placez vos cœurs au-dessus ; faites pencher entre les plus grosses feuilles, autant que vous pourrez, des restes de mie de pain, & lorsque tous vos artichauts seront préparés de la même maniere, ar-

rangez-les dans un four, ou tourtiere, arrose-les bien avec de l'huile,
faites ensorte qu'il y en ait aussi trois
lignes au fond de la tourtiere ; couvrez-la de son couvercle & donnez-
lui feu dessus & dessous, jusqu'à ce
que les artichauts soient bien cuits,
& les premieres feuilles du dessus &
du dessous bien rissolées & presque
noires ; car pour être bonnes & cuites à point, il faut qu'elles soient
croquantes [...] ce petit que vous ferez [...]

Dressez-les sur un plat, accompagnés de l'huile parfumée, qui restera
au fond de la tourtiere.

Ils sont excellens & très-délicats,
mais peu capables de produire un bon
chyle [...]

Coupez-les en six, en huit ou en quatre,

suivant leur grosseur ; ôtez-leur le
foin & les plus grosses feuilles qui
ne sont jamais tendres ; lavez-les
bien dans deux ou trois eaux, égoutez-les & trempez dans une pâte fine de
fleur de farine, liée avec de la crème
& des jaunes d'œufs ; étant empâtés
par-tout , faites-les frire à l'huile ou
à la graisse blanche , & en les sortant de la poêle arrofez-les d'une pincée de sel pilé ; servez-les sur un lit
de persil que vous ferez frire dans la
friture qui restera au fond de votre
poêle.

Artichauts aux Beignets.

Ils se font exactement de la même
maniere que les artichauts frits ; on
les garnit communément avec du persil frit.

Artichauts à l'Italienne.

Faites cuire des culs d'artichauts
à gros bouillons, & lorſqu'ils ſeront tendres & bien blancs, coupez
des oignons bien minces ; faites-les
revenir dans du beurre fondu ſur
un feu doux ; laiſſez-les refroidir ;
empliſſez vos culs d'artichauts de
mie de pain & de parmeſan rapé ;
faites-leur prendre une belle couleur
au four & les ſervez à ſec ; ils
ſont croquans & très-agréables &
ſains.

Artichauts en Salade.

Tournez des artichauts & les faites cuire bien blancs ; égouttez-les ;
coupez-les en quatre & les mettez
ſur un plat ; garniſſez-en les vuides
avec des crêtes, queues d'écreviſſes,

Tome III.   Y

ail , fel, poivre , huile & vinaigre;
retournez-les & les fervez comme
falade.

Artichauts au Citron.

Faites cuire , égouttez & effuyez
des culs d'artichauts ; compofez une
fauce avec beurre , fel , poivre ;
mufcade & une pincée de farine ;
mettez une tranche de citron fur
chaque cul d'artichauts , en leur
ôtant l'écorce & les pepins ; tournez-
les un inftant dans leur fauce ;
arrangez vos culs d'artichauts dans
un plat & une tranche de citron fur
chacun; accompagnez de la même
fauce où ils ont cuits , ou bien de
telle autre qu'il vous plaira.

Afperges à l'Huile.

Faites les cuire

marmite aux légumes, décrite dans le premier volume de cet ouvrage; si on n'en a pas on les fera cuire dans un petit chaudron, rempli à moitié d'eau, de sorte qu'il y ait le moins d'eau possible pour quelles ne perdent pas leur jus; étant cuites retirez-les, égouttez-les, dressez-les dans un plat pour les manger avec sel, poivre & huile, avec un filet de vinaigre.

Elles sont saines & apéritives.

Asperges au Jus.

Faites-les cuire comme ci-dessus; dressez-les dans un plat & les arrosez d'un bon jus de poisson, soit carpe, brochet ou merlan.

Rien de plus sain & restaurant que ce genre d'entremets.

Petits Pois d'Asperges.

Coupez des asperges en forme
de petits pois ; faites-les blanchir
deux minutes à l'eau bouillante ;
puis les mettez en casserole avec
beurre fondu , persil , ciboule , estragon ; mouillez avec de la crême ;
ajoutez un peu de sucre & les finissez avec une liaison de jaunes
d'œufs.

Entremets délicat, très-sain.

Asperges à la Crême.

Choisissez de belles asperges ; faites-les cuire à l'ordinaire dans très-
peu d'eau , revenir dans du beurre
avec moitié crême douce levée du
jour ; tournez la sauce , & quand elle
sera bien fondue , assaisonnez-la modérément ; dressez vos asperges , &

versez la sauce sur leurs extrémités.

Asperges de Flandre.

En Flandre où se fabrique une grande quantité de biere, on employe les sommités de houblon en maniere d'asperges, & on les y accommode de la même façon avec beaucoup de succès.

Ils sont moins sains que les asperges.

Choux-fleurs au blanc.

Epluchez-les, ôtez-leur la peau du dessous & les lavez à l'eau froide ; faites-les blanchir un bouillon avec beurre & sel, égoutez-les, rangez-les dans un plat.

Faites fondre du beurre avec une pincée de fleur de farine, tournez-la, assaisonnez-la modérément, & lorsqu'elle fera bien liée, vous la verferez fur vos choux-fleurs.

Choux-fleurs au jus.

Faites-les cuire à l'eau comme ci-deffus, égouttez-les & les faites mitonner en cafferole dans un bon jus de poiffon, dreffez-les fur un plat & les fervez chauds.

On peut les mafquer avec une autre fauce blanche ou blonde dont on les arrofe après.

Ils font fains & délicieux.

Choux-fleurs à l'huile.

Epluchez-les comme ci-deffus, cuifez-les de même, dreffez-les fur un plat & les affaifonnez de fel, poivre, huile & vinaigre pour les manger en falade.

Ils font excellens.

CHAPITRE VI.

Entremêts de Truffes, Morilles &
Mouſſrons.

Truffes à la cendre.

PRENEZ des truffes qui ſoient toutes
à peu près d'égale groſſeur, enve op-
pez-les chacune avec du papier blanc
double, mouillez-le & les enterrez
ſous des cendres brûlantes pendant
trois quarts d'heure.

Sortez-les du papier, reſſuyez les
& les ſervez tout ſimplement ſous une
ſerviette.

Truffes à la Calonne.

Nettoyez-les bien & faites-les cuire

Y iv

dans un petit chaudron avec sel & une
pinte de vin de Champagne blanc,
laissez-y bouillir demi-heure & les servez sous une serviette.

Truffes au jus.

Faites-les cuire dans du vin blanc,
puis coupez-les par tranches minces
& les faites revenir & cuire dans du
bon jus de poisson avec quelques laitances & morilles, & laissez mitonner demi-heure & servez.

Excellentes, très-délicates.

Morilles à la crême.

Coupez les en deux ou en quatre,
suivant leur grosseur, & les layez
dans plusieurs eaux tièdes, égouttez-
les & les mettez en casserole avec
beurre, sel, un soupçon de sucre &
un peu d'eau ; lorsqu'elles sont pres-

que cuites ajoutez-y un peu de crême
& les fervez chaudement.

Elles font faines & agréables.

Mousserons à la Crême.

Ils fe préparent de la même maniere que les morilles, avec la différence qu'étant naturellement petits,
on les accommode tout entiers.

Cependant quoique la plupart des
gourmets faffent le plus grand cas des
mousserons, & que beaucoup de perfonnes affurent que ceux qui viennent
fur couche ne font jamais dangereux,
les coliques & indigeftions fréquen-
tes qu'ils occafionnent fouvent font
des preuves évidentes que les meilleurs contiennent des fucs fouvent
pernicieux & contraires à la fanté
nous croyons par conféquent qu'il eft
prudent d'en faire rarement ufage
dans une cuifine faine.

Y v

CHAPITRE VII.

Entreméts composés de Beignets & de Rôties.

Beignets blondins

FAITES fondre du beurre en casserole ; ajoutez y un verre de lait du jour,
sel ; lorsqu'il commencera à bouillir,
mêlez-y de la fleur de farine jusqu'à
composer une pâte qui soit un peu
ferme & qui ne se prenne pas aux
doigts, étendez-la sur une table & ap-
platissez-la plusieurs fois sous un rouleau, & en formez des abaisses que
vous coupez en rond, en oval ou en
losange, pour en former des beignets ;
faites-les frire dans de la bonne huile

d'olive, jufqu'à ce qu'ils foient blonds; en fortant de la poële faupoudrez-les de fucre en poudre & les fervez chauds.

Beignets foufflés.

Détrempez de la fleur de farine avec de la bierre, formez-en une pâte à demi-coulante, prenez-en un peu avec fpatule & les jettez dans de l'huile qui foit bouillante à la poële, ils fe gonfleront fur-le-champ; continuez de même jufqu'à l'entier emploi de toute votre pâte, faupoudrez d'un peu de fel & les fervez chauds.

Beignets à la Comte.

Prenez des feuilles de vigne avec des bourgeons verds & tendres, trempez-les dans une pâte fine compofée de fleur defarine, lait & jaunes d'œufs,

faites-les frire à la poële dans de l'huile
bouillante & les servez brûlans.

Ils sont agréables, délicats & sains;
on les poudre avec du sucre fin.

Beignets de sureau.

Prenez des bouquets de fleur de
sureau de moyenne grosseur, & les
accommodez comme les feuilles de
vinaigre.

Ils sont très-délicats.

Beignets de fraises.

Epluchez des fraises, trempez-les
dans une pâte à bierre & les faites frire
à la poële, en les mettant par demi-
douzaine dans chaque beignet; si on
veut que la pâte soit plus fine, on y
ajoutera des blancs d'œufs fouettés &
de l'écorce de citron rapée.

Rien de plus sain, de plus parfumé ni de plus délicat.

Beignets glacés.

Prenez de la fleur de farine, détrempez-la avec de la crème douce, quatre jaunes d'œufs & un morceau de fromage blanc, faites-les cuire en consistance de bouillie très-épaisse; frottez un grand plat avec du beurre frais, versez-y dedans votre appareil & le laissez rejoindre & se reprendre.

Découpez-le ensuite par petits carreaux en losange, faites-les frire à la poële d'une belle couleur & les saupoudrez de sucre pour les glacer avec une pelle chaude.

Beignets aux pistaches & amandes, &c.

Ils se composent exactement com-

me les beigrcs glacés, avec la différence qu'on y ajoute des amandes-
douces pilées avec du lait ou des piftaches pilées de même ; on les finit
& on les glace de la même maniere.

On en fait auffi à la vanille, au
cacao & à toutes fortes de fruits, en
fuivant les mêmes procédés , cela
donne quantité de plats d'entremêts
agréables , délicats & fains.

Beignets au blanc.

Détrempez une poignée de farine
de ris avec du bon lait, & le faites
cuire enfemble à petit feu , en le remuant toujours & l'arrofant avec de
la crême, fucre, citron, & quelques
fleurs d'oranger ; laiffez réfroidir votre pâte, formez - en des boulettes
groffes comme des noix, trempez-les
dans une pâte fine, faites-les frire &

les faupoudrez à blanc avec du fucre en poudre.

Entremêts délicieux & fain.

Beignets à la crême.

Délayez de la fleur de farine avec de la crême douce & les finiffez comme les beignets au blanc.

Beignets de pommes.

Prenez des pommes de reinettes ; coupez-les en quatre, ôtez-en la peau & les pepins, faites-les tremper un inftant dans un peu d'eau-de-vie & de fucre, égouttez-les, faupoudrez-les de fleur de farine, faites-les frire d'un beau citron, & glacez de fucre pour les fervir chauds.

Excellens & des plus falutaires.

Beignets de poires.

On les coupe ordinairement par
tranches & on les fait exactement
comme les beignets de pommes, ils
font encore plus délicats lorfque les
poires font d'une bonne qualité :

Beignets d'abricots & pêches.

Même procédé & préparation que
les beignets de pommes.

Beignets feringués.

Détrempez de la fleur de farine
dans un grand verre d'eau & demi-
livre de beurre, formez-en une pâte
ferme, battez-la dans un mortier,
ajoutez-y de la fleur d'orange, du
citron rapé, amandes-douces pilées
avec quelques amandes ameres ; dé-

layez le tout avec plusieurs jaunes d'œufs, jusqu'à ce que ce soit d'une consistance coulante.

Remplissez-en une seringue dont le bout soit percé à jour de petits trous qui forment une rose ou un lys d'amour, poussez-en des petits beignets; faites-les frire & les saupoudrez de sucre en poudre, servez-les chauds.

Très-délicats & sains.

Rôties à la Provençale.

Coupez un petit pain mollet par-dessus & par-dessous pour le dépouiller de toute sa croûte; lardez d'outre en outre la mie avec des lardons d'anchois & de truffes ; coupez-la par tranches fines, & les faites frire dans de l'huile d'olive.

Rôties à l'Italienne.

Faites frire dans de l'huile bouillante des rôties de pain blanc, dreffez-les fur un plat, garniffez-en le
deffus d'une farce fine & légère; arrofez-les d'une fauce délicate.

Elles font fufceptibles de recevoir
toutes les efpeces de farces, de fauces & de garnitures qu'on veut.

Rôties aux anchois.

Faites frire vos rôties de pain à
l'huile; garniffez-les avec des haricots blancs qui foient bien cuits;
ajoutez au deffus quelques filets d'anchois & les fervez chaudes.

On peut, au lieu d'haricots, les
garnir avec fines herbes hachées, fel,
poivre, huile d'olive & quelques
anchois.

Entremêts très-appétiffant.

Rôties aux œufs.

Faites griller des tranches de pain
coupées bien minces ; faites bouillir
en casserole un verre de crême double,
sucre, deux ou trois macarons pilés
avec des amandes & un peu d'écorce
de citron rapée ; ajoutez-y huit jaunes
d'œufs & les blancs de trois, formez
du tout des œufs brouillés en les cuisant à petit feu, garnissez-en le dessus
de vos rôties en les poudrant de sucre
en poudre.

Délicieux & sains.

Rôties à l'huile.

Faites rôtir des tranches de pain ;
arrosez-les encore chaudes avec de
l'huile d'olive, sel, poivre & un jus
de citron.

Rôties au beurre.

Frottez vos rôties de pain grillées
avec du beurre frais & les garnissez
avec de fines herbes hachées & cuites
à demi dans du beurre fondu en casserole, servez-les sans autre assaisonnement.

On peut y mélanger des truffes &
des anchois pilés ensemble.

CHAPITRE VIII.

Entremêts d'Huîtres, Anchois, Ecrevisses, &c.

Ecrevisses au naturel.

Faites-les cuire dans une marmite ou chaudron avec moitié eau & moitié vin rouge, fel & quelques oignons coupés par tranches ; étant cuites, épluchez-les en leur ôtant les barbes & les petites pattes qui ne fe mangent pas, & les rangez en piramide dans un plat, en obfervant de garder les plus belles pour mettre au-deffus & tout autour.

Ecrevisses à la Provençale.

Faites-les cuire dans moitié eau &
moitié vin, avec sel, citron & fines
herbes, épluchez-les, ôtez-en les petites pattes & les faites mitonner demi-heure dans un bon jus de poisson, ou dans une autre sauce qui vous
plaira; dressez-les dans un plat & versez la sauce tout autour & au-dessus.

Entremêts apparent, délicat & salutaire.

Ecrevisses au court bouillon.

Faites-les cuire simplement en
cassérole avec eau, sel & un citron
coupé par tranches; lorsqu'elles seront cuites d'un beau cramoisi, coupez-en les petites pattes, dressez-les

fur un plat & les arrofez d'une fauce
à l'Italienne.

Entremêts délicat & fain.

Ecreviffes au blanc de poulet.

Faites-les cuire comme ci-deffus ;
épluchez-les, ôtez-en les petites pattes
& les paffez en cafferole , dans du
beurre fondu ; mouillez-les avec de
la crême & un peu d'eau , fel ; finiffez-les avec une liaifon de jaunes
d'œufs délayés avec du lait ou du
bouillon froid.

Fromage d'écreviffes.

Lavez de belles écreviffes & les
faites cuire à l'ordinaire , ôtez-en les
petites pattes , ôtez-en les queues &
enlevez tout ce qui eft dans leur coquille , & avec beurre , fines herbes ,
culs d'artichaux & chair de poiffon ,

le tout bien haché ensemble, com-
posez-en une petite farce, dreffez-la
dans un plat, donnez-lui la forme d'un
petit fromage, & l'environnez tout au
tour avec des queues d'écreviffes mi-
fes en réferve, panez-le avec de la
mie de pain & le faites prendre couleur au four un demi-quart-d'heure
feulement.

Succulent, apparent & fain.

Ecreviffes à la broche.

Si elles font en vie, faites-les mou-
rir dans du vin bien chaud fans les
faire cuire, égouttez-les, mettez-les
à la farce, en leur rempliffant le corps
avec beurre mariné de fines herbes,
fel, poivre & bafilic; enfilez-les de
part en part avec de petites broche-
tes, & les faites rôtir à petit feu,
arrofez-les avec ce qui en coulera ou
avec

avec du vin bouillant, & les servez
rôties.

Il faut qu'elles soient grosses pour
le servir de cette maniere.

Ecrevisses en salade.

Faites-les cuire à l'ordinaire, dépouillez-les de leur coquille & les
rangez dans un saladier, avec filet
d'anchois, culs d'art chaux cuits, sel,
poivre, huile & vinaigre.

Ecrevisses grillées.

Etant cuites à l'ordinaire séparez-
les de leur coquille & les faites mariner un quart-d'heure dans du vin
blanc, avec sel, poivre, persil haché
& des laitances de poisson; enfilez-les
ensuite à de petites brochettes d'argent ou de bois, en mettant alternativement une écrevisse & un morceau

de laitance ; le tout étant enfilé, panez-les légerement, faites-les griller
d'un beau blond ; elles font encore
mieux & plus apparentes lorsqu'on
les trempe dans des œufs battus avant
de les paner , & les faire griller
à feu doux.

Huîtres à l'eau de mer.

Prenez des huîtres fraiches, & les
ayant ouvertes féparées de leur coquille, faites-les blanchir un bouillon
dans la même eau de mer qu'elles
auront rendues en les ouvrant , égouttez-les, paffez au tamis le plus clair
de leur eau, mêlez-la avec du bouillon, beurre, perfil, fel & poivre,
faites-y bouillir vos huîtres cinq minutes , garniffez-en des coquilles avec
l'eau dans laquelle elles auront cuit,
faupoudrez-les de chapelure de pain
& les dorez avec une pelle rouge.

Elles font plus faines de cette maniere que de les manger crues.

Huîtres au naturel.

Ouvrez fix douzaines d'huîtres,
mettez dans un plat les deux douzaines les plus groffes, & dans chacune d'elles vous mettrez la chair
& l'eau de deux petites huîtres; de
forte qu'il y ait réellement trois hui-
tres dans chaque coquille; faupoudrez-les d'un peu de poivre concaffé
& de perfil haché menu, & les fervez
au naturel.

Elles font agréables, mais d'une digeftion difficile.

Huîtres aux fines herbes.

Faites-les revenir en cafferole dans
du beurre, fines herbes hachées menu, fel, poivre & jus de poiffon;

faites-les cuire à petit feu & en garnissez enfuite des coquilles d'argent, ou des papiers pliés en moule à bifcuits ; panez-les légérement & leur faites prendre belle couleur au four.

Entremêts recherché, quoique malfain & peu fucculent.

Huîtres aux beignets.

Faites-les blanchir comme ci-devant, mariner avec eau, vinaigre, fel, perfil haché & oignons blancs coupés par tranches, reffuyez-les bien entre deux serviettes, trempez-les dans une pâte à bierre & les faites frire de belle couleur.

Elles font très-pefantes à l'eftomac & ne donnent pas de bons fucs.

Crables & Houmards.

Les houmards & les crables fe cui-

fent à l'eau , fel , avec l'affaifonnement
ordinaire pour les écreviffes ; on leur
ôte les petites pattes & on les fert au
naturel , tout froid , ou bien on leur
enleve toute leur coquille , on décou-
pe leur chair par filets ou par tranches,
& on les fert accompagnés de telle fauce que l'on veut.

Anchois farcis.

Refendez-les en deux, lavez-les &
en féparez la groffe arrête , remplacez-
la avec une farce fine & bien liée ;
trempez-les dans une pâte fine & les
faites frire de belle couleur.

Anchois aux allumettes.

Deffalez , lavez & nettoyez de
beaux anchois , féparez les en gros
filets que vous ferez tremper dans du
vin blanc , égouttez-les , trempez-les

dans une omelette, panez-les de mie
de pain & les faites frire.

Anchois en canapé.

Faites frire dans de l'huile bouillante des rôties de pain légérement
grillées ; faites bouillir en casserole
un demi-verre de jus de poisson avec
beurre, persil, sel & poivre ; garnissez
le dessus de vos tranches avec de
beaux filets d'anchois bien nettoyés,
& les arrosez ensuite avec le jus de
poisson aux fines herbes re'ervé en
casserole.

Entremêts très-appétissant.

Salade aux Anchois.

Elle se compose ordinairement avec
jeunes laitues, romaines, œufs durs
coupés par tranches, fines herbes &
garnitures hachées, & une douzaine

d'anchois nettoyés & coupés par filets ; on la garnit de fel, poivre,
huile & vinaigre.

Elles font excellentes & recherchées.

CHAPITRE IX.

*Entreméts composés de Crêmes de Ge-
lées & Blanc-Mangers.*

Crême vierge.

Faites bouillir une pinte de lait avec
du fucre & une chopine de crême,
faites-la réduire à cinq demi-feptiers,
mettez y infufer quelques reftes de citron ; quand elle eft feulement tiede,
délayez-y huit jaunes d'œufs, paffez-la
au tamis & la faites cuire au bain-ma-

rie en la tournant toujours, dreſſez-
la dans un plat.

Fouettez enſuite les blancs d'œufs
que vous avez ſéparés de vos jaunes, fouettez-les bien en mouſſe avec
un petit balai propre à cette opération;
quand votre crême eſt bien priſe par-
tout, dreſſez vos blancs d'œufs à la
neige en forme de dôme au-deſſus,
ſaupoudrez-le de ſucre rapé & en glacez la ſuperficie avec une pelle rouge.

Entremêts ſain, délicat & d'une
jolie apparence.

Crême aux œufs.

Prenez les jaunes de huit œufs
frais, mettez-les dans une caſſerole,
délayez-les avec chopine de bonne
crême, ajoutez-y ſucre en poudre,
de la rapure d'écorce de citron & la
mettez ſur le feu, tournez-la ſans diſ-

continuer , & lorfqu'elle fera prife vous la verferez dans un plat.

Elle fera fimple & moëlleufe.

Crême à l'eau.

Rapez de l'écorce de citron & du fucre que vous ferez bouillir dans une pinte d'eau , délayez-y douze jaunes d'œufs paffés au tamis ou dans une ferviette blanche , & les faites cuire au bain-marie.

Entremêts froid , très-fain pour ceux qui craignent le lait.

Crême à l'Allemande.

Prenez une pinte de vin du Rhin ; faites-y fondre du fucre & un peu de canelle en branche & laiffez bouillir le tout demi-heure , délayez-y huit jaunes d'œufs paffés au tamis, & faites cuire au bain-marie.

Saine, fortifiante, mais échauffante.

Crême au caffé.

Prenez trois chopines de crême
froide dans laquelle vous mettrez du
fucre & deux cuillerées de caffé en
poudre, faites-les bouillir pendant
demi-heure, laiffez repofer, délayez-y
huit jaunes d'œufs paffés au tamis, &
faites cuire au bain-marie ou fur un
feu doux en la tournant toujours.
Délicate & faine

Crême au chocolat.

Choififfez du bon chocolat de fanté, mettez-le à froid dans une pinte
de lait avec demi-feptier de crême
douce, délayez huit ou dix jaunes
d'œufs avec un peu de lait, paffez-
les à l'étamine & les mélangez avec
votre chocolat au lait, faites prendre

fur un feu doux en tournant toujours
du même fens.

Crême aux piftaches.

Faites bouillir moitié lait & moitié
crême, dans laquelle vous aurez mis
du fucre & quelques zefte de citron,
fortez-le du feu & vous en feryez à
délayer huit jaunes d'œufs avec un
quarteron de piftaches pilées très-fin,
laiffez le tout infufer un quart-d'heure, paffez-le au tamis, faite-le prendre au bain-marie.

Délicieufe & faine.

Crême aux amandes.

Echaudez & pilez bien menu deux
onces d'amandes douces & cinq ou
fix amandes ameres, délayez-les dans
du lait que vous aurez auparavant
fait bouillir avec du fucre & du ci-

tron ; ajoutez-y fix jaunes d'œufs détrempés avec la même crême , paſſez
au tamis & la faites cuire à feu doux
en la tournant ſans ceſſe juſqu'à ce
qu'elle ſoit priſe.

Rafraîchiſſante & très-ſaine.

Crême au laurier.

Elle ſe fait comme celle aux amandes , avec la différence qu'au lieu d'y
employer des amandes pilées , on y
met ſeulement deux feuilles de laurier à larges feuilles , qui lui donne
exactement le même goût & le même
parfum que les amandes de Provence.

Crême au thé.

Prenez du bon thé verd & en faites infuſer deux gros dans une chopine de lait que vous verſerez bien
bouillant ſur votre thé, couvrez la

théyère , & lorfqu'il aura infufé un quart-d'heure , écoulez le lait qui en aura pris tous les fucs & le parfum , mélangez-le avec un demi-feptier de bonne crême , délayez y fix jaunes d'œufs , paffez le tout au tamis & faites cuire au bain-marie ou fur un feu doux.

Elle eft douce , ftomachique & d'une digeftion facile.

Crême au caramel.

Faites réduire du fucre en caramel foncé ; délayez le avec une goutte de lait bouillant , & lorfqu'il fera d'un brun très-foncé , délayez y huit jaunes d'œufs paffés au travers d'un linge double ; ajoutez y un morceau de fucre & la faites cuire en la tournant fans ceffe.

Etant prife , verfez la dans un plat , couvrez la de fucre en poudre

& brûlez-la avec une pelle qui soit bien rouge.

Saine, agréable, mais échauffante.

Crême à la neige.

Faites bouillir une pinte de bonne crême, saupoudrez-la de sucre & y ajoutez citron & un peu de coriandre en poudre ; délayez-y des jaunes d'œufs & les finissez à l'ordinaire.

Fouettez ensuite six blancs d'œufs avec un demi septier de crême double & quelques rapures de citron, & lorsqu'ils seront bien montés en mousse, vous en couvrirez la crême au citron ci-dessus, en maniere de neige.

Crême à l'Angloise.

Faites cuire à la coque quatre douzaines d'œufs frais, de maniere qu'ils soient tous en lait ; cassez-les & verfez dans une casserole tout le lait qu'ils auront rendu, en n'y laissant aucun des jaunes, saupoudrez les de sucre, délayez-y six jaunes d'œufs frais ; passez au tamis & les faites cuire au bain-marie.

Délicieux & très-sains.

Crême au ris.

Délayez de la fleur de ris dans du bon lait chaud avec six jaunes d'œufs & du sucre ; passez au tamis, faites cuire à feu doux & servez chaud.

Excellente pour des convalescents.

Crême fouettée.

Mettez trois ou quatre blancs d'œufs dans une chopine de crême double que vous aurez fait bouillir un quart-d'heure auparavant ; fouettez bien le tout ensemble avec un balai de boulleau, & le dreffez dans un faladier avec de la crême douce autour.

Maniere fimple de compofer fur le champ une crême agréable & des plus falutaires.

Crême de volaille.

Prenez les blancs d'une volaille cuite à la broche & les pilez avec un quarteron d'amandes douces ; détrempez cette pâte avec huit jaunes d'œufs, & la délayez avec un demi-feptier de crême ; paffez le tout à l'étamine & le faites cuire au bain-marie.

Nourriffante, fortifiante & faine.

Crême à la Cardinal.

Pilez les coquilles d'une trentaine d'écreviffes qui auront auparavant été cuites à l'eau ; jettez ces coques pilées

dans du beurre & marinez le tout ensemble pour lui faire prendre couleur
vermeille ; versez sur le tout une
pinte de lait ou de crême que vous
aurez fait bouillir avant avec un peu
de sucre ; faites bouillir le tout ensemble un quart-d'heure ; passez trois
fois à l'étamine, & le faites prendre
en y mettant deux gésiers de poulets
hachés & bouillis dedans pendant
cinq minutes.

Elle doit être rouge comme des
écrevisses ; elle est rafraîchissante &
saine.

Crême de toutes sortes de fleurs.

Prenez roses, violettes, jasmin,
fleurs d'orange, œillets, & une seule
ou plusieurs de ces fleurs ; pilez-les
en les arrosant avec un peu de lait
chaud, & en exprimez bien les sucs
au travers d'une serviette blanche ;

mêlez-en la subftance dans une pinte
de crême qui aura bien bouilli ; ajoutez-y deux pincées de falep en poudre, ou à défaut, fix jaunes d'œufs
bien délayés & du fucre ; paffez le
tout au tamis, verfez dans le plat
qui doit fe fervir, placez-le fur des
cendres chaudes, recouvrez-le d'un
autre p'at avec un peu de braife deffus, & l'y laiffez jufqu'à ce qu'elle
foit affez épaiffe ; mettez-la au frais.

Elles font parfumées, délicates &
très-faines ; on peut y employer toutes les fleurs & plantes odorantes que
l'on voudra.

Blanc-manger maigre.

Prenez des écailles, arrêtes, têtes
& nageoires de poiffon, hachez-les
groffié rement & les faites bouillir quatre heures dans deux pintes d'eau jufqu'à réduction d'une ; paffez votre

gelée au tamis , & la verfez dans une
caflerole avec fucre , citron coupé par
zeftes, le jus de la moitié d'un citron
& un verre de vin blanc ; ajoutez-y
quatre blancs d'œufs fouettés pour
la bien clarifier ; faites bouillir un
quart-d'heure, & la pafferez au travers d'une ferviette en double, en la
laiffant écouler goutte à goutte.

Rempliffez - en des petits pôts à
crême & les laiffez fe prendre en lieu
frais.

Entremêts agréable & affez fain.

Il y a bien des cuifiniers qui com-
pofent le blanc-manger avec de la
colle de poiffon ou du parchemin
déchiré, foumis à une longue ébulli-
tion ; mais comme il entre des ma-
tieres corrofives & de la chaux dans
la fabrication des parchemins & de
la colle , nous les croyons mal-fai-
fans, compofés avec ces matériaux.

Gelée de corne de cerf, &c.

Rapez de la corne de cerf environ une petite poignée, faites-la cuire cinq heures dans une pinte & demie d'eau bouillante, & finissez votre gelée comme un blanc-manger au maigre.

Au lieu de citron, on peut y incorporer un lait d'amandes ; elle sera très-délicate & saine.

Quant aux autres especes de blanc-manger, on en trouvera le tableau dans le chapitre des gelées animales de la premiere partie de cet ouvrage.

CHAPITRE X.

Entremêts composés des différentes espèces d'Omelettes.

Omelette à l'oignan.

PASSEZ sur le feu des oignons blancs coupés par tranches; étant presque cuits, mouillez-les de crême, sel, poivre & muscade; mélangez-les à une demi-douzaine d'œufs, fouettez bien le tout ensemble, & la faites cuire à la poële, dans l'huile ou beurre fondu.

Omelette au naturel.

Prenez huit ou dix œufs frais,

caſſez-les dans une terrine ; ajoutez-y ſel, poivre & une cuillerée d'eau froide ; fouettez bien le tout enſemble avec un balai de boulleau qui doit toujours être conſacré à cette opération.

Dans le temps que vous fouettez vos œufs, faites fondre du bon beurre à la poële, & lorſqu'il eſt preſque bouillant jettez-y vos œufs battus avec l'écumoire ; ramaſſez-en les bords pour qu'ils ne ſoient pas baveux ; étant cuite, redoublez-la pour lui donner une plus belle apparence, & la ſervez très-chaude & de belle couleur dorée.

Elle ſera ſimple & ſalutaire

Omelette farcie.

Faites votre omelette comme ci-deſſus, mais avant de la redoubler, vous la couvrirez en dedans avec une

farce d'ofeille ; doublez-la avant de la
fortir de la poële ; de maniere que la
farce ne s'apperçoive pas , & avec des
blancs d'œufs luttez-en les bords ; fervez chaude.

Elle eft délicate & faine ; on peut y
employer toutes fortes de farces.

Omelettes aux afperges.

Affaifonnez & fouettez à l'ordinaire
une douzaine d'œufs frais ; faites blanchir de petites afperges ; coupez-les
en maniere de petits pois , & en compofez un petit ragoût en cafferole ,
dans du beurre fondu & de la crême ; faites cuire vos œufs à la poële
en maniere d'omelette, & lorfqu'elle
commencera à fe prendre , vous y mélangerez vos pointes d'afperges ; le
tout cuit à point , redoublez-la, & la
fervez très-chaude.
Elle eft excellente.

Omelette aux anchois.

Lavez & deſſalez une douzaine
d'anchois de Provence en les faiſant
tremper un quart-d'heure dans de l'eau
froide, coupez-les en filets & en
garniſſez de petites tranches de pain,
rôties que vous aurez paſſées un inſtant à la poële dans de l'huile bouillante pour les nourrir.

Caſſez une douzaine d'œufs frais,
aſſaiſonnez-les & les battez long-
temps ; faites chauffer de l'huile d'olive à la poële, & lorſqu'elle commencera à bouillir, vous y verſerez la
moitié de vos œufs pour en former
une omelette qui ſoit mince ; dreſ-
ſéz-la ſur un plat, rangez-y deſſus vos
rôties aux anchois ; du reſte de vos
œufs, formez-en une ſeconde omelette comme la premiere, recouvrez-
en

en vos rôties & arrosez le tout d'une sauce quelconque.

Elles sont très-appétissantes, mais peu salutaires.

Omelette à la crême.

Nettoyez & lavez des morilles; hachez-les & faites-les revenir dans du beurre fondu & les mouillez avec de la crême, sel & poivre, liez-les avec deux jaunes d'œufs.

Fouettez à l'ordinaire une douzaine d'œufs, mélangez-y un peu de votre hachis de morilles, & les faites cuire à la poêle d'une belle couleur; prenez-la & la masquez avec le reste de votre hachis de morilles que vous verserez dessus.

Délicate & très-savoureuse.

Omelette aux écrivisses.

Faites cuire dans eau bouillante

quatre douzaines d'écrevisses, épluchez-les de leurs coquilles & les faites piler en réservant à part vos queues
d'écrevisses, pilez les coquilles avec
un peu de beurre, pour en tirer un
coulis rouge.

Cassez une douzaine d'œufs, fouettez-les bien, assaisonnez de sel &
de poivre, ajoutez-y vos queues d'écrevisses avec un peu du coulis rouge
que vous aurez tiré des coques;
battez bien le tout ensemble, & finissez votre omelette à l'ordinaire,

Rafraîchissante & saine,

Omelette au salpiçon,

Fouettez une douzaine d'œufs frais
& en faites cuire la moitié à la poêle
dans du beurre fondu, dressez-la sur
un plat; garnissez-la d'un salpiçon,
de laitances, foies & filets de poisson; faites une seconde omelette du

reſté de vos œufs & en recouvrez votre ſalpicon, en l'arroſant de telle ſauce qn'il vous plaira.

Nourriſſante & ſaine.

Omelette à la jardiniere.

Compoſez un ragoût de toutes ſortes de légumes, herbages ou petit pois & feves, bien nourri, ſoit au gras ou au maigre, mettez-en la moitié avec une douzaine d'œufs; battez bien le tout enſemble & en compoſez une omelette à l'ordinaire; étant cuite & de belle couleur, maſquez-la avec le reſte de votre ragoût de légumes.

Etremêts agréable & ſain.

Omelette à l'Italienne.

Caſſez vos œufs, ajoutez-y ſel, poivre, perſil haché, crême & bonne huile d'olive; battez bien le tout &

en formez trois ou quatre omelettes
minces qui ne foient pas trop féches ;
garniffez-les toutes avec des filets
d'anchois ; mettez-les les unes fur les
autres ; laiffez-les réfroidir ; battez
deux œufs frais, trempez-y vos omelettes, lutrez-les toutes enfemble,
panez-les & les faites-frire de belle
couleur ; mafquez-les d'une fauce,
ou les fervez fans fauce.

Entremêts agréable , mais lourd,
indigefte & peu fucculent.

Omelette glacée.

Fouettez des œufs frais, ajoutez-y
fel , écorce de citron confit , macarons
pilés ; battez le tout enfemble ; faites la cuire d'un beau blond & la poudrez de fucre.

Délicate & faine.

Omelette soufflée.

Délayez au fond d'une casserole deux pincées de crême de ris avec un grand verre de lait & six jaunes d'œufs, du beurre, du sel & un peu de sucre; tournez-le sur le feu, jusqu'à ce que le tout bouille, sortez-le du feu; ajoutez à cela six jaunes d'œufs, les blancs de douze bien fouettés, deux macarons pilés avec de l'écorce de citron confit; battez bien vigoureusement le tout ensemble; faites fondre du beurre dans une casserole, versez-y dedans votre omelette, & la faites cuire au four; étant cuite d'une belle couleur dorée, versez-la sur le plat & la servez glacée.

Elle est délicieuse & salutaire.

N. B. on compose avec toutes sortes d'objets alimentaires des omelettes auxquelles on donne le nom des productions qui font entrées dans leur compofition.

CHAPITRE XI.

Des œufs en Entremêts.

Œufs brouillés.

FAITES fondre en cafferole du beurre frais, caffez-y huit jaunes d'œufs & quatre blancs feulement; ôtez-en foigneufement les germes, mettez-y un anchois lavé & bien pilé, fel, poivre & un peu de mufcade; tournez-les fur le feu, jufqu'à ce qu'ils fo'ent pris moëlleux également partout, & les fervez chaudement; ils ne doivent pas être trop cuits.

Entremêts délicat & fain.

Œufs brouillés aux légumes.

Composez un ragoût bien nourri avec des légumes hachées, tels que cardons, chicorées, asperges, culs d'artichauts, &c., &c.; cassez dedans une douzaine d'œufs, brouillez-les sur le feu à mesure qu'ils cuisent, & les tenez à une consistance moëlleuse.

Ils sont salutaires & restaurants.

Œufs à la bonne femme.

Prenez une douzaine d'œufs, faites leur un petit trou au sommet pour les vider dans une casserole & les réduire en œufs brouillés dans une sauce blanche ou un jus de poisson; lorsqu'ils seront bien cuits, remplissez-en vos coquilles & les servez comme pour les manger à la mouillette.

Œufs en allumettes.

Cassez une douzaine d'œufs, ôtez-en les germes, delayez-les avec un demi-verre d'eau, affaisonnez-les légerement & les faites cuire dans une tourtiere frottée de beurre jusqu'à ce qu'ils soient durs.

Sortez-les de la tourtiere & les coupez en filets; faites-les mariner un quart-d'heure dans du vin d'Espagne, & un peu de fucre; égouttez-les, trempez-les dans une pâte & les faites frire dans de l'huile d'olive; glacez-les avec du fucre en poudre fur lequel vous passerez la pelle rouge.

Ils font croquants, agréables, mais peu falutaites.

Œufs au jus maigre.

Exprimez à la presse ou au travers

d'un torchon neuf tout le jus de deux ou trois poiſſons rôtis à petit feu ; caſſez dans ce jus une douzaine d'œufs & les faites cuire dans un plat ſans autre aſſaiſonnement que ſel, poivre & muſcade.

Délicieux & ſains.

Œufs à la ſauce.

On peut en général faire accommoder des œufs de la même maniere que les œufs au jus maigre ; en les faiſant cuire dans toutes les ſauces graſſes ou maigres que l'on veut ; ou bien, on fait chauffer les ſauces qui ſont délicates & on y range tout au tour une douzaine d'œufs pochés à l'eau.

Voyez le livre des ſauces maigres.

Œufs à l'Italienne.

Caſſez ſept à huit œufs en caſſerole

& y ajoutez le jus d'un citron, un demi-verre d'eau ; du fucre & un peu de fel ; tournez les fur le feu comme des œufs brouillés ; étant cuits dreffez-les fur un plat, faupoudrez-les de fucre rapé & les glacez avec une pelle rouge.

Ils fonts délicats, très-fains & rafraîchiffants dans des climats chauds.

Œufs aux piftaches.

Délayez en cafferole un peu de fleur de farine avec de la crême, de l'écorce de citron rapée, fix œufs frais, un morceau de fucre & des piftaches pilées très-fin　délayez le tout enfemble, mettez-le dans le plat deftiné à être fervi, faites-les cuire à petit feu, remuez les toujours, & quand ils feront brouillés ôtez-les du feu, faupoudrez-les de fucre rapé & les glacez avec la pelle rouge.

Restaurants, délicieux & salutaires.

Œufs au lait.

Faites bouillir un verre de lait au fond d'un plat; caffez-y une demi-douzaine d'œufs frais; faupoudrez de fucre & les faites cuire à petit feu; fi on veut les parfumer, on peut y ajouter quelque fleur d'orange, ou zeftes de citron, ou bien des amandes pilées.

Ils font fimples & délicats.

Œufs en pain.

Faites tremper la mie d'un pain mollet dans du lait ou de la crême bien chaud pendant une heure; paffez-la dans la paffoire, pour en tirer une crême ou purée; ajoutez-y fucre, citron confit pilé, huit jaunes d'œufs & deux ou trois bifcuits d'un fol;

frottez de beurre une casserole ; versez-y votre appareil ; faites - les
cuire au four & les versez sur un
plat.

Très-délicats & apparents.

Pain de piſtaches.

Les pains aux œufs & aux amandes
ou aux piſtaches ſe font de la même
maniere que le précédent, en y ajoutant ou des amandes douces pilées &
humectées avec du lait ou des piſtaches pilées.

Œufs en cloches.

Compoſez le même appareil que
pour les œufs en pain ou aux piſtaches ; frottez des verres avec du beurre, rempliſſez-les de cette pâte & les
faites cuire au four doux , ils s'éleve,

ronten forme de cloches ; poudrez-les
de fucre & fervez froid.

Œufs à l'eau.

Faites bouillir de l'écorce de citron
verd, une pincée de coriandre & trois
onces de fucre dans une pinte d'eau
pendant demi-heure ; Délayez-y huit
jaunes d'œufs dont vous aurez ôté tous
les germes ; paffez le tout au tamis &
les faites prendre au bain-marie dans
le même plat où ils doivent être fervis.

Délicieux & très-fains.

Œufs au caramel.

Prenez deux douzaines d'œufs
frais, faites-les cuire durcis, féparez-
en les jaunes, écrafez-les en cafferole avec du fucre en poudre, trois
bifcuits d'amandes & demi-verre de

crême douce ; compofez du tout une
pâte un peu ferme , formez-en de
petits œufs & les trempez dans du
caramel fini d'un beau brun.

Œufs en filagramme.

Prenez chopine de vin blanc &
demi-livre de fucre royal ; compofez-
en un firop bien clarifié avec un blanc
d'œuf.

Battez bien huit œufs frais & les
verfez dans votre firop , en les faifant
paffer au travers d'une paffoire, afin
qu'en s'écoulant par les petits trous ,
ils y tombent en filagramme & fe
cuifent fubitement dans le firop bouillant qui les reçoit ; égouttez-les & les
fervez chauds ou froids.

Ils font délicats & apparents.

Observations.

Il exifte encore mille manieres de

préparer les œufs en entremêts gras
ou maigres , foit en les mélangeant à
toutes fortes de légumes & de fucre-
ries ou de laitages , foit en les affi-
milant à beaucoup de fauces & d'autres
productions plus ou moins délicates ;
c'eft à l'art du cuifinier ou de l'amateur à les combiner à fon gré, en pré-
férant les mélanges fimples & apparents qui réuniffent la délicateffe, le
coup-d'œil & la falubr té.

Ces fortes d'entremêts prennent
alors le nom des productions qui ont
été employées à leur compofition.

CHAPITRE XII.

Des Entremêts en Pâtisserie maigre.

Les productions multipliées de la patisserie moderne offrent une quantité innombrable d'entremêts en maigre qui font très-recherchés & en usage sur les tables les mieux servies ; telles font les tourtes aux amandes, aux grofeilles, à la franchipane, aux pêches, mirabelles, abricots, pommes, poires, piftaches, cerifes, à la crème & à toutes fortes de fruits ; les petits choux, cartouches, jacobines, les pains de Savoie, génoifes, darioles, cannelons, ramequins, & petits gâteaux feuilletés ou

garnis de fruits confits, les gauffres à
la crême, talmoufes, méringues ;
&c., &c., &c.

Mais comme la compofition, les préparations, la coction & la direction
de tous ces ouvrages de pâtifferie exigent beaucoup de foins & quelques
connoiffances ou principes préliminai-
res pour y réuffir, nous les avons tous
réunis dans deux volumes féparés
intitulés la *Pâtifferie de Santé* (1).
On trouvera dans cet ouvrage les plans
les plus réguliers & les moins difpen-
dieux pour conftruire un four de pâtiffier & fe procurer les petits inftru-
mens qui lui font effentiellement néceffaires ; le choix le plus judicieux de
tous les matériaux employés dans les
productions innombrables de la pâtifferie ; & les moyens fûrs & faciles
d'en faire l'emploi pour créer une in-

(1) Cet ouvrage fe trouve chez le même
Libraire.

finité de mêts délicieux, succulents & agréables dont on enrichit nos tables.

Comme ces volumes séparés font partie essentielle de l'ouvrage de la *Cuisine de Santé*, nous y renvoyons les artistes & les amateurs, ayant éprouvé par des expériences réitérées, qu'avec les soins que nous y avons annoncés, les personnes les moins versées dans cet art réussiront avec succès à se procurer une foule d'entrées, d'hors-d'œuvres & d'entremêts délicieux, composés de la maniere la plus favorable à tous les tempéramens, & aux constitutions même les plus délicates.

Fin du troisieme & dernier Volume.

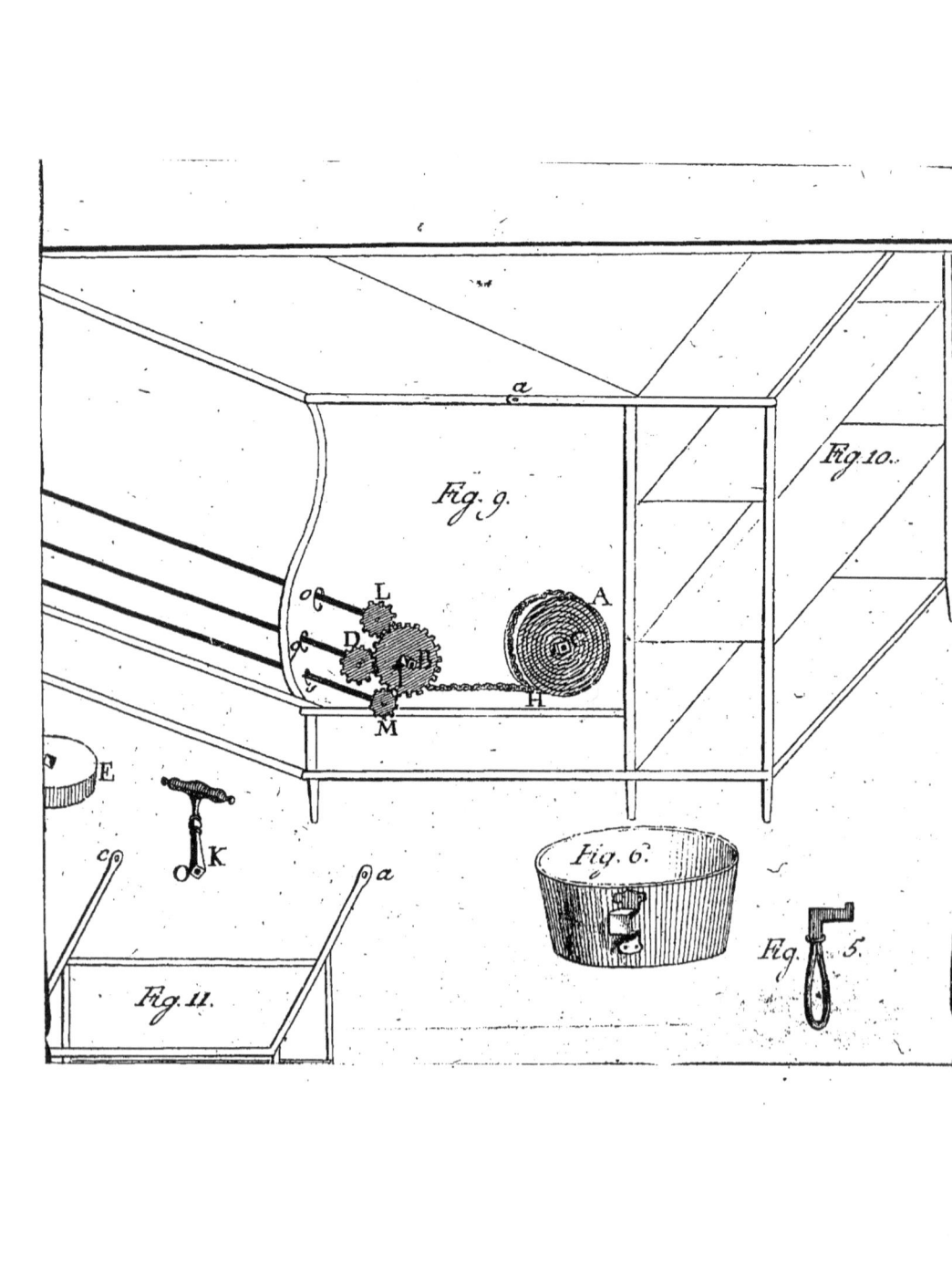

Fig. 10.

Fig. 9.

L

D

B

A

H

M

E

O K

Fig. 6.

c

a

Fig. 5.

Fig. 11.

Fig.1.

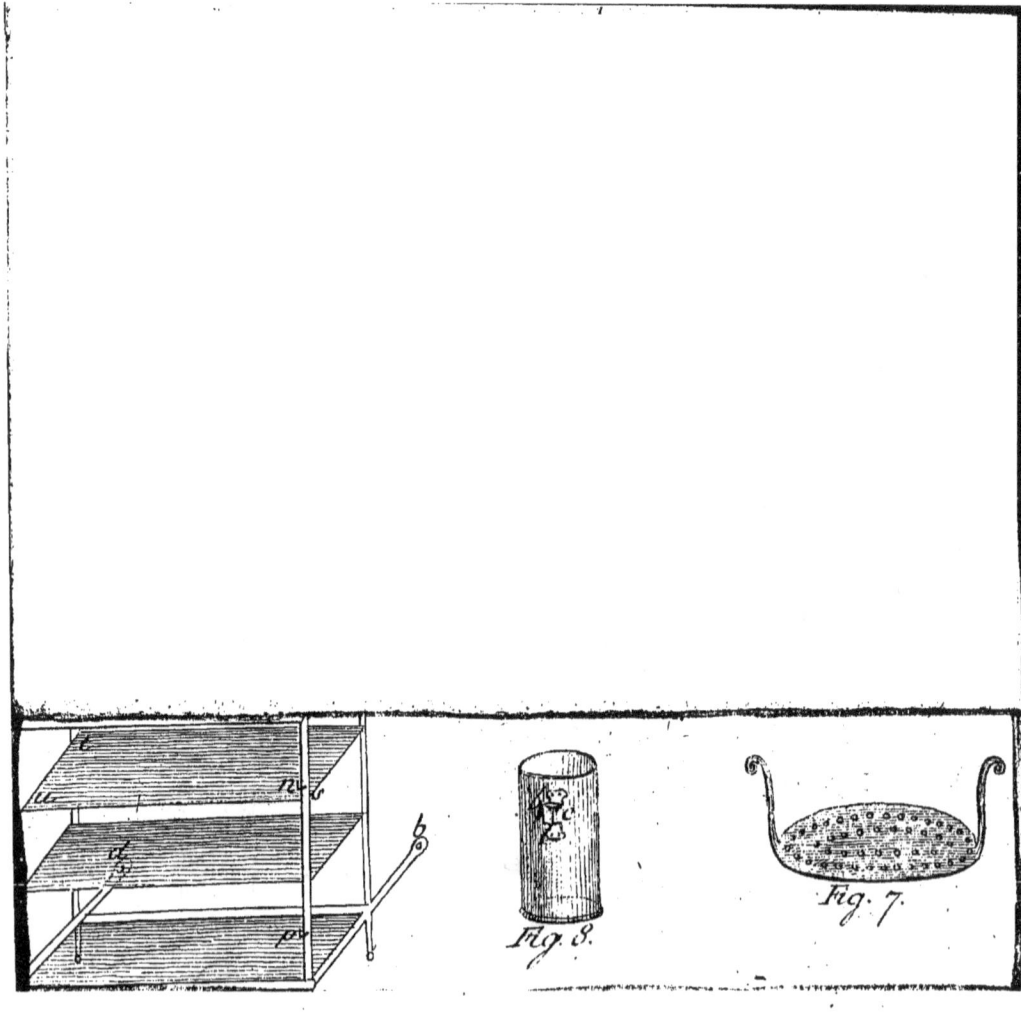

Fig. 8.

Fig. 7.

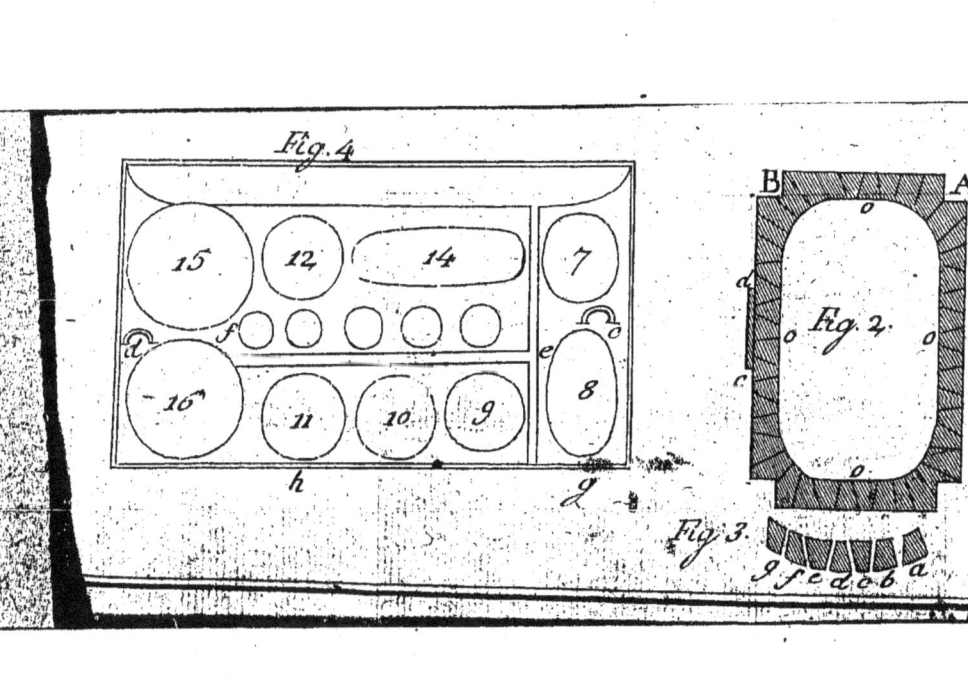

Fig. 4.

15   12   14   7

16   11   10   9   8

Fig. 2.

Fig. 3.

TABLE

DES CHAPITRES

CONTENUS EN CE VOLUME.

LIVRE IX.

Des pieces de Rôt.

LIVRE X.

Des Entremêts chauds & froids en Gras.

LIVRE XIII.

Des Hors-d'œuvres maigres.

LIVRE XIV.

Des Pieces de Rôt en Maigre.

LIVRE XV.

Des Entreméts en Maigre.

Fin de la Table du troisieme & dernier Volume.

www.ingramcontent.com/pod-product-compliance
Lightning Source LLC
Chambersburg PA
CBHW051338220526
45469CB00001B/20